科学的社会实践转向

——贝尔纳科学学思想研究

张 雁◎著

Wuhan University Press
武汉大学出版社

图书在版编目(CIP)数据

科学的社会实践转向：贝尔纳科学学思想研究/张雁著．—武汉：武汉大学出版社，2013.12

ISBN 978-7-307-12492-9

Ⅰ．科… Ⅱ．张… Ⅲ．贝尔纳，J.D．（1901～1971）－科学学－研究
Ⅳ．G301

中国版本图书馆CIP数据核字(2013)第314977号

责任编辑：刘　倩　　　　责任校对：任落落　　　　版式设计：张金花

出版：**武汉大学出版社**　　（430072　武昌　珞珈山）

发行：**武汉大学出版社北京图书策划中心**

印刷：北京毅峰迅捷印刷有限公司

开本：710×1000　　1/16　　印张：15.5　　字数：180千字

版次：2013年12月第1版　　印次：2013年12月第1次印刷

ISBN 978-7-307-12492-9　　　　定价：45.00元

内容提要

  贝尔纳（1901-1971）是科学学的创始人。长期以来，学界对贝尔纳科学学思想虽然有研究，但尚不够全面深入，尤其缺乏对其思想的理论和现实意义的准确把握。本书将贝尔纳的科学学思想置于整个西方科学哲学、科学社会学研究背景中进行纵向历史梳理，并与同时代科学社会学奠基人默顿的思想进行横向分析比较，进而提出贝尔纳反叛科学的知识论传统、开拓科学的社会实践转向、创立科学学研究的新视域，以此揭示贝尔纳科学学思想的重要价值。

  本研究的理论价值在于，以科学的社会实践为线索力图廓清贝尔纳科学学思想的基本框架，完成对贝尔纳科学学思想的逻辑梳理。贝尔纳的科学学思想首先面对和回应了第二次世界大战对科学存废问题的社会实现实，其核心思想即关注作为社会实践的科学，解决科学如何造福于人类等终极关怀问题。贝尔纳科学学创立过程，实际上预演了后来科学哲学回归生活世界的过程。这正是贝尔纳所希望的科学自觉的社会实践，也是贝尔纳科学学的终极目标。传统知识论科学哲学恰恰忽略了这一社会实践，遗忘了现实的生活世界，难以解决科学面临的当前困境。回归生活世界正是马克思以来的西方哲学的普遍取向和基本精神，贝尔纳正是受此关注科学社会实践、回归生活世界观的启发和引导，开创关注科学社会实践的科学学研究传统。贝尔纳科学学思想核心体现在以下几方面。

首先，与默顿关注科学体制不同，贝尔纳开创广义的科学社会学研究传统，关注科学的社会实践。贝尔纳从多维角度宏观透视了科学与社会关系的过去、现在和未来，且关乎与科学相联系的其他各领域。贝尔纳眼中的科学是具有时间整体感和空间整体感的动态发展过程。如果说，默顿是用"结构－功能"分析法聚焦科学体制，对科学的社会研究侧重于科学家共同体内部规范的相对静态描述，那么贝尔纳则是用"计量－模式"分析法探索、认识科学现象和社会现象，对科学与社会的互动进行动态把握。

其次，面对科学在战争中的非理性应用，贝尔纳认为知识论的科学哲学传统脱离了科学的现实实践，在深刻理解马克思实践概念的基础上，贝尔纳反叛这一传统，倡导回归生活世界，关注科学的社会实践，展开对科学全方位的社会研究；在社会实践中历史地、具体地、开放地、涉及终极关怀地看待科学；关注作为一个整体在社会实践中应用的科学。这种超前的预见和前瞻意识，今天看来仍然具有现实意义。

再次，通过对科学的时空扫描发现，科学的历史性和地方性分别体现了科学发展的时间性和空间性，科学的开放性则展现出科学在时空中的运动变化，此即科学社会实践的过程。科学是一种变化着的、现实的、物质的、社会的一部分。

最后，在科学与社会互动中，展现出科学社会实践的动态图景。社会科学化、科学社会化是贝尔纳科学学理论要义的简洁概括。科学是改造社会的主要力量，随着科学的发展，社会不断发生一系列根本变化，科学及其理论、方法、观念等愈益影响到社会的各个层面，此即社会的科学化过程。同时，社会要求科学根据社会发展需求而不仅仅是根据科学自身理论或逻辑要求发展，科学发展及其社会建制使之愈益成为特定的社会及其重要组成部分，为防止科学的非理性滥用，科学还需要接受社会对其发展的制约。

贝尔纳科学学反叛脱离现实生活世界的哲学传统，使科学从知识象牙塔转向社会实践，重新回归生活世界，关注科学造福人类的最终目标，此即科学的终极关怀，使贝尔纳科学学具有深刻的哲学意蕴。与悲观主义者不同，贝尔纳坚信科学可以造福于人类，但必须使科学由自发走向自觉的社会实践，改变现有的科学教育观，使公众真正理解科学；重新认识和规划科学的社会实践，制约科学的非理性发展；倡导和平运动，防止科学滥用。

科学在战争中的非理性应用，是科学陷入现实危机的原由之一，科学危机的出现又使科学的整体研究、自觉的社会实践成为一种时代诉求，这是科学学产生的重要社会历史根据。贝尔纳最伟大的贡献就是创立了科学学这一新学科，同时开创了科学的外史研究传统，并促进科学的社会实践转向。从另一种意义上说，既然体现时代性，随着时代的发展，就会表现出一定的时代局限性。贝尔纳科学学思想在科学规划的计划抑或自由、科学价值观上的中立抑或非中立、以及科学学发展中的学科抑或学科群等方面，蕴含着其内在矛盾。但这些丝毫不影响贝尔纳科学学思想的重要历史贡献及其现实价值。

目　录

导 论

　　贝尔纳（J.D.Bernal，1901-1971）出生于爱尔兰，是公认的科学学学科的奠基者。事实上，贝尔纳首先是一名出色的科学家，以对生物物理学，X 射线晶体学的研究见长。贝尔纳 1922 年毕业于剑桥大学物理专业，同年进入伦敦的皇家学院"戴维－法拉第实验室"，在 W.H. 布拉格的指导下研究 X 射线晶体学，研究的课题包括石墨、金属、维生素 D 以及一些无机络合物。1927 年，在剑桥大学任晶体结构学讲师，在那里首次获得了单晶蛋白质的 X 射线照片。这是蛋白质分子结构上的先驱性发现，形成分子生物学著名的结构学派，为分子生物学的发展做出了突出的贡献。贝尔纳还是把物理学和化学带进生物学的先行者。1937 年，36 岁的贝尔纳成为英国皇家学会会员。1938 年贝尔纳担任伦敦大学物理学教授。

　　尽管贝尔纳开辟了一条崭新的有机物蛋白结构研究的道路，但他并没有深入研究下去，他的同事皮鲁兹和他的学生霍奇金夫人都因为这个领域的研究而获得了诺贝尔化学奖。倘使贝尔纳也具有同样的恒心，他一定会很快完成大量的现代分子生物学的研究，并能够不止一次地获得诺贝尔奖。为什么贝尔纳未能获得诺贝尔奖呢？因为贝尔纳把他的许多精力"浪费"在科学以外的事情上，从而牺牲了大半的纯科学研究，这些研究他本来是可以完成的。虽然他的科研工作使他在三十六岁时就获得了皇家学会会员资格，但他对科学的社会发展的影响，远远超过了他本人实际做的或者指导过的全部科学研究工作。不管贝尔纳走到哪里，他身后总要留下团团争论和猜想的迷雾，即新的思想、启示和灼见。几乎在每次吃饭的时候，贝尔纳都要滔滔不绝地讲出一堆足够一个人干一辈子的科研课题清单。在现代 X 射线晶体学、生物物理学、生物化学、科学学、科学史等领域，许多原始思想应归功于贝尔纳的论文却在别人的名下发表问世，贝尔纳对此无动于衷。有所失才会有所得，虽然他将一半的时间用于纯科学研究之外，从而未能在生物物理学等领域做出更为杰出的贡献。但正因为如此，才使他有精力关注科学的社会实践，开创"科学学"并成为"卓越的科学史家"，以及公认的"社会活动家"。

开创"科学学"研究。科学学又称"科学的科学"，它是 20 世纪 40 年代逐步发展起来的一门综合性的边缘学科。由于贝尔纳的远见卓识，在科学学的领域起了开创性的作用，他在这方面的名声甚至比物理学上要大得多。1939 年他出版了《科学的社会功能》一书，在历史和现实的结合上，系统、全面地论述了科学的社会作用，为"科学学"这门学科的形成奠定了基础，这种奠基性的作用很快得到了广泛的认同，被译为多种文字。中国就有 1950 年、1982 年、1986 年、2003 年版四种版本。贝尔纳六十多年前提出的关于科学的社会功能的问题，今天仍然是一个正在研究的课题。

作为科学史家贝尔纳最大的贡献是开创了科学的外史转向。究竟贝尔纳是如何跻身于科学史前列的？他天赋极高，是当代最有学问的科学家之一。据说，他也许是科学家中最有权威的。他精通科学，有天章云锦般的想象领域和深刻过人的洞察力。贝尔纳对科学史的研究有若干篇论文和两本专著，《19 世纪的科学和工业》（1953），《历史上的科学》（1954）。《历史上的科学》一书是贝尔纳研究科学史的代表作，这本书用时六年（1948 ～ 1954）。事实上早在 1939 年贝尔纳出版的《科学的社会功能》一书中，就专章探讨了"科学的历史概况"。

贝尔纳还是一位出色的社会活动家。《科学的社会功能》一书所提出的观点，不只是贝尔纳个人而且也是一个科学学派的观点。这个学派实际上就是一个比科学本身更广泛得多的科学家集团，这就是当时的一种"无形学院"。他们不满足于科学作为一种与世隔绝的活动，试图将科学带进市场、政府会议、工农业生产过程，以至人类活动的一切领域。从某种程度上可以说，贝尔纳不但开创了科学社会研究的新路径，也开创了科学社会实践的新路径。贝尔纳提出科学的科学，并给研究者指出了一条科学学的研究道路，它的目的是为了说明科学与社会的联系，为了让人们知道科学具有社会功能。他是想从实践上探讨科学的社会问题，以此来寻找解决科学的发展之路。正如贝尔纳所说："科学学不是从天上掉下来的，必须通过研究现实生活花大力气去寻找。"[1] 贝尔纳总是积极参与社会活动，具有强烈的社会责任感，这是科学家的优秀品质。他是英国科学工作者协会的一名积极支持者，1947 ～ 1949 年，他曾任该协会主席。1945 ～ 1956 年，贝尔纳被任命

[1]　[英] J. D. 贝尔纳. 科学的社会功能 [M]. 陈体芳译. 桂林：广西师范大学出版社，2003：2.

为建筑工程科学顾问委员会主席，1959～1965年担任第一任世界和平委员会主席团执行主席，1963～1966年担任国际晶体学家协会主席，还担任过世界科学工作者协会副主席等职。贝尔纳正是用自己的实际行动践行他的科学造福于人类的理想。

作为科学学的奠基人，贝尔纳的名声如雷贯耳。然而，我们对贝尔纳的认识远远不够。例如，贝尔纳在其巨著《科学的社会功能》中提到"中国的科学"，贝尔纳写道："中国一直是世界上三四个伟大文明中心之一，而且在这一期间的大部分时间中，它还是一个政治和技术都最为发达的中心。研究一下为什么后来的现代科学和技术革命不发生在中国而发生在西方是饶有趣味的。"[1]这正是"李约瑟难题"的另一个提法。此外，汤浅光朝也承认他的世界科学中心转移的思想来源于贝尔纳，还有贝尔纳关于科学技术革命、"大科学"时代的预言以及他的科学教育观所体现出来的后现代性等，无不彰显他的远见卓识。

对于贝尔纳所言的科学的社会功能，在今天研究科学的人们看来并没有什么稀奇。但是如果将时间定位在上个世纪初，在那样的历史氛围中，贝尔纳勇敢面对两次世界大战给人们带来的苦难，以及科学的发展中人们的困惑和质疑，寻找解决问题的症结所在，是需要相当的智慧，因为它需要一条新的突破口。贝尔纳将科学的社会实践因素引入了他的研究课题之中，这必然使他对科学的研究赋予关心科学的终极意义。虽然贝尔纳没有直接提出，但是在贝尔纳著作的字里行间无不渗透着这样的思想，这当然也应该符合今天研究贝尔纳的目的。

[1] ［英］J.D.贝尔纳.科学的社会功能[M].陈体芳译.桂林：广西师范大学出版社，2003：247.

研究贝尔纳这样的人，要说的当然应该是他想说而囿于时代的限制没有说出来的。不过，在给贝尔纳下一个确定的称呼或者一个头衔时，却有点犯难了。如果说贝尔纳是一个科学家，似乎没有异议，而且他关于 X 射线晶体衍射的研究成果在科学史上具有一定的突破性，然而贝尔纳的研究成果远不止是在自然科学上的贡献，他最主要的贡献是开创了科学的社会实践研究传统，把科学放于社会之中研究科学的社会功能，引领科学哲学回归生活世界。

贝尔纳是一位有知识、有智慧；有远见、有战略；有思想、有实践的知行合一的思想家与社会活动家，我们需要全方位、系统地对贝尔纳思想进行全新地解读与研究。科学的社会实践，正是解读贝尔纳科学学思想的新视域。顺着这个思路，首先要厘清的是贝尔纳何以在西方知识论传统统治之下，率先转向科学的社会实践，关注科学的社会功能，引领科学哲学回归生活世界。在贝尔纳看来，这种知识论的科学哲学传统脱离了现实实践，不能解决社会以及科学当前面临的困境。贝尔纳正是在反叛这种脱离社会实践的科学哲学传统的基础上，关注作为社会实践的科学、与社会互动的科学、涉及终极关怀的科学。作为实践的科学的本意就应该包括科学的社会实践，虽然贝尔纳并没有明确地使用科学的社会实践转向这样的术语，研究贝尔纳科学学应该挖掘贝尔纳思想的历史意义，更应该挖掘他的思想的现实意义，让历史照进现实。

一、科学哲学知识论传统：脱离社会实践

　　传统科学哲学大多时候关注的仅仅是科学的最终产物，特别是科学的概念产物即科学知识，也就是关注作为知识的科学。在传统科学哲学中，对科学知识与世界的关系问题的提问方式是，科学知识是否可以真实地反映我们的世界。在贝尔纳看来，这是脱离了现实实践的哲学传统。

　　科学哲学产生于科学发展之后。因为今天人们所谈论的科学大多是指近代以来的科学，所以科学哲学的历史不是很长。任何科学哲学都必须首先回答科学是什么的问题，也就人们经常所说的科学的划界的问题。划界涉及的是作为科学的结果的知识，所以某种程度上可以说，传统科学哲学其实是科学知识学，是关于科学知识形成和获得的方法论探究。科学哲学"首先试图阐明科学研究过程中所涉及的要素：观察过程、理论模式、表述与计算方法、形而上学的预设等；然后从形式逻辑、实际的方法论和形而上学的观点出发，估计他们的有效性的基础。"[1] 总之，传统科学哲学是在讨论知识：知识是什么，知识是如何获得的，以及如何保证知识的有效性。纵观西方学术发展史，科学哲学无不是在相信理性的基础上，寻找科学理论形成的方法。虽然在认识论上有经验的和逻辑的之分，但是它们之间并没有明显的界限，有时甚至相互交融。

　　对于知识的追求，西方人向来有着"理性主义"传统。"希腊人

---

[1]　大不列颠百科全书．第 16 卷 [M].中国大百科全书出版社，1980：376-377.

所建立的几何学是从自明的或者是被认为自明的公理出发，根据演绎推理前进，从而达到那些远不是自明的定理。"[1] 数学尤其是从毕达哥拉斯开始建立起来的几何学，可以说是西方理性在追求知识获得过程中的典型代表。"与启示的宗教想象对立的理性主义的宗教，自从毕达哥拉斯之后，尤其是从柏拉图之后，一直是完全被数学和数学方法支配着的。"[2] 在科学认识上，虽然在分别每一事物的本性并说明它如何如此的那些语言和举止，人们在加以尝试时显得没有经验，但是自从古希腊西方人就相信"一切事物都按这个'逻格斯'发生着"，[3] "有一个只能显示于理智而不能显示于感官的永恒世界"，[4] "科学正像哲学一样，也要在变化的现象之中寻找某种永恒的基础，以求逃避永恒流变的学说"。[5]

显然这里所说的"理性主义"与康德以及通常人们所指的理性认识中的理性有所区别。康德所说的理性是指人心要求把智性所得的各种知识、原则、定律等进一步"综合"，成为最高、最完整的知识系统的能力。康德认为任何一种学说，如果可以成为一个系统，即成为一个按照原则而整理好的知识整体的话就叫作科学。而这些原则可以作为把知识经验或者是理智地连接于一个整体之中的原理时，那么不论是作为物体学说还是作为灵魂学说的自然科学，似乎都必须划分为历史的自然科学和理智的自然科学。而一种理智的自然学说，只有作为其基础的自然法则被理解为先验的，而不仅仅是经验的法则时，才

[1] ［英］罗素 . 西方哲学史 [M]. 何兆武，李约瑟译 . 北京：商务印书馆，2004：63.

[2] ［英］罗素 . 西方哲学史 [M]. 何兆武，李约瑟译 . 北京：商务印书馆，2004：64.

[3] 杨适 . 古希腊哲学探本 [M]. 北京：商务印书馆，2003：184.

[4] ［英］罗素 . 西方哲学史 [M]. 何兆武，李约瑟译 . 北京：商务印书馆，2004：65.

[5] ［英］罗素 . 西方哲学史 [M]. 何兆武，李约瑟译 . 北京：商务印书馆，2004：76.

有资格叫作自然科学，前一种类型的自然知识叫作纯粹的理性知识，后一种类型则称之为应用的理性知识。

法国社会学家奥古斯德·孔德（August Comte，1798-1857）提出实证主义原则，他认为认识应该囿于经验范围之内，不去讨论经验之外的任何问题，哲学应当抛弃"形而上学"的虚构，应该以实证的自然科学为哲学基础。"而把力量放在从此迅速发展起来的真正观察领域，这是真正能被接受而且切合实际需要的各门学识的唯一可能的基础。"[1]认识论只是为了实践的目的而描绘符号、记号以及它们之间的关系，力图把自然科学建立在这种"科学认识论"的基础之上。逻辑实证主义者认为传统形而上学讨论的问题既不是依赖经验的分析命题，也不是求助于经验的综合命题，完全是人们对语言的误用。传统哲学所讨论的问题和命题是由于人们不懂得科学语言逻辑和对日常语言用法的误解所致，哲学就是通过对科学语言逻辑的分析或对日常语言用法的分析，指出这些问题是无意义的，不可能回答的。实证主义除了对传统"形而上学"的否定，其实质是兜了一圈又回到了原有的起点。对形而上学的批判目的是要让科学变成不再是先验的纯粹理性的东西，然而当实证主义走到第三种形态时又不自觉地陷入了传统之中，西方社会追求知识的实质就是现象之后先验的东西，科学家所作的只不过是想使它们变成一种具有某种系统化的理论。

英国哲学家弗朗西斯·培根宣称知识就是力量。他的思想带有明显的新兴资产阶级印记，他的科学哲学也明显令人感觉到是为资产阶级的工业革命所服务的。但是培根毕竟还是提出了这样一个命题，认

---

[1] ［法］奥古斯特·孔德.论实证精神 [M].黄建华译.北京：商务印书馆，1966：9.

为纯粹理性的知识应该为改善人类的物质生活条件服务。培根认为科学之所以存在停滞不前的状态，是由于科学之中没有生命的气息，科学哲学一直在为同样的问题争论不休，过去提出的问题现在还是问题，并未通过讨论得到解决。相反地，培根认为机械技术方面的情况却不一样，它们含有一些生命的气息，不断地生长变得更加完善，形成了一种新的力量。今天的人们到处都可见这样的力量，这样的力量也在实实在在地改变着人们的生活。但是培根的科学依然是沿着西方科学发展的传统一路走来，培根提出的四"假相"论，以及所谓的"实验八法"，也是想在科学的理想之上加上一些"经验的"调料而已。

因此，应该可以得出这样的结论，西方社会的危机，确切地说科学危机的实质是西方自古希腊以来的"理性"的危机。因为西方人坚信在理性之上，先验的或者是超验于经验之上的东西成为科学追求的对象，也正是在这样的基础之上虽然获得了科学知识，却忘记了人的存在，忘记了人的生活世界的存在。因为西方社会追求的知识的实质就是现象之后的先验的东西，科学家所做的只不过是想使它们变成一种理论化的，一种具有某种系统化的理论。面对人类社会的危机，（随着西方人对全世界的扩张，欧洲危机也不再是欧洲局部的问题，它已经充斥了整个世界，整个人类社会。）也许真正应该受到批判的恰恰是西方人一直追求的"理性"，因为在人类生活的世界里，"理性"应该围绕着人类的社会实践，围绕着人类在这个唯一可以生存的地球上好好地生活。

知识论科学哲学遗忘了生活世界，它描绘的是科学世界观，之所以称其为科学世界观在于，它是近代自然科学视野中的世界的哲学化。它产生于自然科学，巩固于自然科学并推动自然科学的发展。此世界观的本质是把人与世界二分，使人与世界彼此外在，此思维方式的特点是本质主义、客观主义、理性主义、功利主义和进步主义。"科学世界观的出现无疑对自然科学的发展和物质生活的丰富发挥了积极作用，但它却在理论上陷于困境，在实践和现实生活中遭受了一系列重大失败。"[1]

反思知识论的科学哲学传统，可以发现，我们眼前是一个富于声色香，充满了真善美和假丑恶的世界。然而科学世界观却把这一切从世界中剔除出去了，除了大小、多少、远近、高低、动静和线条外，世界不再有其他性质。因此，"近代人有两个世界：一个是普通人视为实在，但却被科学家和哲学家挤到感觉领域的世界，另一个是数学化、简单化的被科学家、哲学家奉为真实的世界。"[2]

回归生活世界是马克思以来的西方哲学或现代哲学的普遍趋向，也是现代或后现代的根本精神。在这种思维方式下，摒弃从外在的、抽象的东西出发规定世界、考察人的思维，走向现实的、活生生的人，走近人们每时每刻都可以经验到的生活。

二、科学回归生活世界：转向社会实践

西方哲学自诞生至今的两次历史转向：由最初的古希腊本体论哲学到近代的知识论哲学，再到当代的存在论哲学，即回归生活世界。"从马克思开始，西方哲学便开始了一个转折，而且是一个根本性的转折，

---

[1] 李文阁.回归现实生活世界[M].北京：中国社会科学出版社，2002：7.

[2] 李文阁.回归现实生活世界[M].北京：中国社会科学出版社，2002：36.

是认识视野或哲学视野的根本置换。这一转折即是由近代的科学世界观向现代的生活世界观回归。"[1]

科学世界（scientific world）是建立在数理——逻辑结构基础上的，由概念原理和规律规则构成的人们永远也无法实际知觉和经验到的世界；生活世界（life world）是建立在日常交往基础上的，人们可以实际知觉和经验到的，由主体与主体之间所结成的丰富而生动的日常生活构成的世界。

面对着现实，欧洲人感到危机四伏，经济萧条，政治法西斯主义横行。战争似乎成了一道分水岭，公众的价值判断发生了急剧的转变。胡塞尔（E.Husserl）认为这一切的缘由在于实证科学所造就的繁荣，因为自19世纪后半叶，现代人让自己的整个世界观受实证科学支配，并受到了实证主义的迷惑。胡塞尔认为欧洲人面临的危机的实质是科学的危机。他认为科学"危机"表现为科学丧失了生活的意义。"现代人漫不经心地抹去了那些对于真正的人来说至关重要的问题。只见事实的科学造成了只见事实的人。"[2]在科学世界的生成中，理论家沉迷于那个符号的、理论的世界中，遗忘现实生活世界。科学世界被独立化，而且取代生活世界成为唯一真实的世界。这样，科学世界便失去了意义。"人们不再深入思考伽利略在创造性的沉思中构想数学化的自然理念时所持的立场究竟是什么，不再进一步追问伽利略和他的后继者在数学化的构想中所希望的是什么，以及他们所进行的工作的意义何在。"[3]这就是胡塞尔所说的欧洲人

[1] 李文阁. 回归现实生活世界 [M]. 北京：中国社会科学出版社，2002：8.

[2] ［德］胡塞尔. 欧洲科学危机和超验现象学 [M]. 上海译文出版社，2005：6.

[3] ［德］胡塞尔. 欧洲科学危机和超验现象学 [M]. 上海译文出版社，2005：58.

所面临的危机。危机是科学危机，而科学危机的实质是哲学危机，因为科学家并不追溯自己工作的产生，反思自己研究的意义。追溯和反思应由哲学家来完成。但是现在哲学却成了科学的附庸，不再反思和追溯科学，而是追随科学，声称科学世界是唯一的世界。"胡塞尔所做的正是反思和追溯，即明确科学世界的意义基础是生活世界，把科学世界拉回到生活世界。"[1]

其实，胡塞尔虽然提出了生活世界的概念，但他的生活世界是一个前反思的、非主题化的，为科学和人的其他活动提供价值和意义的、奠基性的、人们日常可以经验到的世界。马克思的生活世界与胡塞尔的生活世界有很大区别。马克思的生活世界是建立在实践或对象化活动的基础上，指人的以物质生活为基础或前提的现实生活过程。对马克思而言，回归即是要回到以实践为基础的现实生活世界。马克思正是以实践连接主体与客体，回归现实生活世界。马克思明确反对视世界为脱离人的日常生活，处于人的生活之外或超乎生活之上的东西，而是把现实世界看作人生活于其中，与人发生着千丝万缕的联系，对人有价值和意义的价值世界或意义世界。他说："思辨终止的地方，即在现实生活面前，正是描述人们的实践活动和实际发展过程的真正实证的科学开始的地方。……"[2]胡塞尔虽然认识到了欧洲危机的实质是科学危机，即"一方面非理性主义全面放弃理性，另一方面实证主义只强调一种片面的理性主义"。[3]但是当他试图寻找问题的根源时，又将结果回归到西方传统的理性上来，而把恢复西方理性当成解决问

---

[1] 李文阁.回归现实生活世界[M].北京：中国社会科学出版社，2002：99.

[2] 马克思恩格斯全集.第1卷[M].北京：人民出版社，1960：50.

[3] 吴国盛.反思科学[M].北京：新世界出版社，2004：1.

题的根本办法。

马克思建立在实践基础上的生活世界与胡塞尔不同。他认为："社会生活本质上是实践的。凡是把理论导致神秘主义方面去的东西，都能在实践中以及对这个实践的理解中得到合理的解决。"[1] 正是实践观点把马克思哲学与传统哲学和其他现代哲学区别开来："实践是一种实在的对象化活动，这说明生活世界既不能被归于绝对理念，也不是一个纯意识世界或语言世界；实践是一个创造性的、无限生成的过程，这意味着生活世界不是本质先定、始终如一的东西。所以实践中蕴含着马克思哲学的一切秘密。"[2]

马克思从反思现代人的生活困境入手，认为主客二分、人与现实世界分离是问题产生的根源。马克思从来不承认外于人类历史或生活的世界存在。马克思的世界观是生活世界观，他的理论不是对"头顶的星空"和"内心的抽象的道德"的关注，而是对现实生活问题的关心。尤为重要的是，他是在生活世界中寻找解决问题的方法。正是他开启了回归生活世界的哲学。

对贝尔纳影响至深的是战争，战争中科学所扮演的角色迫使贝尔纳对"科学究竟是什么"这个问题重新省视，除了对科学自身的研究有着形而上学的目的论，科学更重要的是作为一种对人类社会施以影响的现实性。对于贝尔纳来说，科学是现实生活世界的科学，目前科学的现实性表现在法西斯主义对人类社会的祸害。法西斯主义之所以能够横行于世，主要是因为知识论哲学在"资本主义后期的破产"，唯理论不再拥有市场，知识论哲学传统需要转变。贝尔纳认为马克思

---

[1] 马克思恩格斯全集.第 1 卷 [M].北京：人民出版社，1960：5.

[2] 李文阁.回归现实生活世界 [M].北京：中国社会科学出版社，2002：127.

主义哲学带来了思维方式和哲学视野的根本转变。贝尔纳正是在马克思主义建立在实践基础上的生活世界观的引导下，借由社会实践转向，使科学回归生活世界。与传统西方科学哲学对认识论的不同理解，对科学的目的和方法的不同理解，正是贝尔纳的科学学与知识论科学哲学之间的差别，也正是贝尔纳科学学思想的实质。

三、研究现状与研究思路

1. 研究现状

"科学学"这个词出现于 1925 年。最终奠定科学学的理论基础的是贝尔纳 1939 年出版的著作《科学的社会功能》。贝尔纳是科学学的奠基者。第二次世界大战期间，科学学的研究一度停顿。到 20 世纪 60 年代，科学学受到各国自然科学家和社会科学家的广泛重视，开始加速发展。1964 年，为纪念贝尔纳的《科学的社会功能》一书面世 25 周年，英、美、匈牙利等国学者出版了一本论文集《科学的科学》。他们描述了世界科学事业发展的历史转变，论述了科学技术与社会经济的关系及协调发展的趋势，对贝尔纳当年的一些预言进行检验，并对科学技术的未来进行了展望。这本书与其说是对贝尔纳科学学思想的研究，不如说是贝尔纳科学学思想的丰富和扩展。1965 年，在第十一届国际科学史大会上，贝尔纳和他的学生马凯联合提交了报告《在通向科学学的道路上》，他们系统地论述了科学学的定义、必要性、产生的初步条件以及科学学的特性等。1976 年，世界上第一本科学学的教科书《知识的力量——社会的科学范畴》在英国出版，作者是英国物理学教授齐曼，表明科学学在欧美大学中得到承认，同时不少国家也相继成立了有关科学学的研究机构。20世纪七八十年代初，许多国家完善和组建了有关科学学的研究机构，不少大学开设了有关课程，广泛深入地开展有关的研究和教学活动。从国际学术界的角度来看，进入20世纪80年代以后，随着普赖斯的去世，贝尔纳学派开始有"衰微"的趋势，或如有的国内学者所描述的那样，科学学进入了"常规发展阶段"。

贝尔纳科学学理论引入中国学术界，大致始于20世纪70年代末第一次全国科学大会。20世纪80年代是中国科学学发展的黄金时代，也是中国科学学机构化的高潮时期，当时全国各地科学学研究所和高校科学学教研室如雨后春笋般相继成立。关于贝尔纳科学学思想的研究论文，也大多数发表在这个时期。20世纪80年代末以后，对贝尔纳的研究在我国开始呈现出某种程度的沉寂，撇开其他因素不论，就学术研究自身的规律看，这恐怕也是一种必然的现象。即当国外一种新的学说初传入我国时，往往会出现一段评价的繁荣期。之后，当需要进一步向纵深发展，而不仅仅停留在评价的层次上时，就得假以时日融会贯通了。

国内目前检索到的与该选题有关的文献包括一篇博士和一篇硕士论文，以及二十几篇期刊论文。第一篇介绍贝尔纳的文章是1954年发表于科学通报的《J.D.贝尔纳教授》，该文对作为科学家的贝尔纳进行了详细的介绍。其后的论文大多发表于20世纪80年代之后。

韩来平的博士论文《贝尔纳的科学政治学思想》写于2007年，侧重于对贝尔纳的科学政治学思想的专题研究。肖娜的硕士论文《贝尔纳学派的科学学》写于2001年，是用历史主义纲领梳理了贝尔纳学派的科学学理论的源起、贝尔纳学派的科学学基本理论、贝尔纳学派的终结及其在当代的意义等。肖娜还发表了期刊论文《试论贝尔纳的科学观》（2005.3）、《贝尔纳科学学浅析》（2005.3）以及《试论贝尔纳历史主义科学学理论构建的基石》（2006.1）。肖娜认为，贝尔纳用历史主义的观点与方法，从科学的历史性出发，构建了历史主义科学学，是科学学的历史主义学派。

其他论文则从不同角度研究了贝尔纳的科学观、科学教育观、社会科学学思想、科技伦理思想、科技情报思想、科技政策思想等。这些论文虽然从不同角度对贝尔纳的科学学思想进行了深入研究，但相对于气势宏伟的贝尔纳科学学大厦却显得比较零散。

近年来，国外对贝尔纳研究的主要著作是 2005 年剑桥大学出版的，Andrew Brown 编著的《J.D.Bernal，The Sage of Science》，这本书展现了贝尔纳生活和活动的详细情况，包括他在科学和其他方面的活动。作者尽量客观地阐述贝尔纳的行为，尽管其中不乏一些观点的偏见，但是仍然可以通过其描述让人对贝尔纳产生自己的评判。这本书的作者用近乎小说一样的叙述，给我们提供了科学与政治发展的宽大的历史背景，以致我们能够对于贝尔纳的历史有一个全面而深刻地认识和了解。然而，在 Brown 先生的叙述中可以发现，他对于贝尔纳的研究侧重点在于，对贝尔纳在科学领域的重要成就在科学史中的重要意义的阐述。譬如将 DNA 双螺旋理论的建立与贝尔纳之前的科学工作建立某种联系。因为 DNA 双螺旋理论在 20 世纪科学史上的地位已经是人尽皆知的事了，当然研究贝尔纳作为科学家对此理论有着怎样的贡献是非常重要的。然而，从本书的研究角度来看，西方学者对于贝尔纳在建立科学学研究的良苦用心并没有引起多少注意，虽然《科学的社会功能》也是每谈贝尔纳必说的话题，但是涉及的篇幅较少，不能不说是一个遗憾。从本书的视角来看，贝尔纳对于科学学的贡献和他在科学史上的贡献至少是一样重要或者更重要。西方学者的欠缺点正是本书的出发点。事实上，科学技术学、科学管理学目前在西方乃至世界范围也依然占据着重要的学术和政治地位。所以，本书对贝尔纳科学学的研究意义可见一斑。

总之，目前国内外尚未检索到全面系统研究贝尔纳科学学思想的专著。缺乏对作为科学学奠基人的贝尔纳的科学学思想的系统梳理和研究，尤其是在当代科学技术日新月异发展以及关于科学的研究如火如荼的背景之下，需要以新的视角重新认识和解读贝尔纳的经典科学学思想的现实意义。否则对贝尔纳的研究就没有接上"地气"，让人感觉不到贝尔纳思想的生机与活力，那么对贝尔纳研究本身的意义就值得怀疑。

2. 研究思路

贝尔纳科学学是关于"科学的科学"，是对科学的反身性研究。对贝尔纳的科学学思想的研究，应该采取历史情境法，把贝尔纳科学学放于当时的学术背景和社会历史背景之中，厘清贝尔纳科学学思想产生的理论渊源和现实根源。还要把贝尔纳科学学思想放于整个关于科学的研究包括科学的社会研究和科学的哲学研究的背景中，了解他的思想的历史意义与局限性。本书正是通过把贝尔纳的科学学思想放于整个西方科学哲学研究的背景中进行纵向的梳理，以及把贝尔纳的科学学思想与同时代的科学社会学的奠基人默顿进行横向比较，以科学的社会实践转向这样一个全新的视角解读贝尔纳科学学思想。

首先，贝尔纳科学学思想的缘起，需要从理论渊源和现实背景来澄清。贝尔纳在知识论的理性主义科学观盛行的当时，何以先见性地把握住了科学的社会实践的主线，站在社会实践的立场研究科学，渊源在于世界科学史大会上黑森事件的影响，给西方学者送来了马克思主义的思想。贝尔纳科学学思想的理论渊源是马克思主义哲学，那么他的思想产生的现实根源是什么？这就要深入到当时的时代背景之中。20世纪二三十年代，人们面临科学在战争中的非理性应用而带来的可怕灾难，科学面临存废的问题，这正是科学自发的社会实践结果。为科学辩护，正是贝尔纳面对科学自发的灾难性社会实践后果所做的勇敢的选择。这也成为贝尔纳科学学的现实出发点。

其次，运用比较的方法，把握贝尔纳科学学的核心思想。横向比较的视角来看，贝尔纳创立的科学学与默顿的科学体制社会学以及一般的科学哲学最大的区别是他的实践倾向。当把贝尔纳的科学学放于科学哲学发展的纵向背景中，可以发现贝尔纳的天才般的远见卓识不再是只能孤零零沉睡于历史的遐想。可以发现关注科学的社会实践正是哲学回归生活世界的应有之义。因为贝尔纳首先是一名出色的科学家，所以他的科学的社会研究始终有科学家注重实践的特点。关注作为实践的科学即关注科学的社会实践，正是贝尔纳科学学的特点。贝尔纳科学学也成为通过科学的社会实践转向，引领科学哲学回归生活世界的先声。

最终贝尔纳的科学学理论是要回到社会实践中去解决科学如何造福于人类的问题。他认为科学是社会变革的主要力量，但科学要真正成为社会变革的力量，必须对社会科学加以扩大与改造。社会科学必须同塑造他的社会力量保持联系，即要通过科学教育，促进公众理解科学；通过规划制约科学的发展；同时强化科学家责任，才能使科学造福于人类。他的《科学的社会功能》就是对一般的学院式的社会科学的扩大，而且他身体力行，积极参加和平运动，防止科学的滥用，成为科学家同行的表率，践行了自己的使科学造福于人类的理想。

本书创新之处：以科学的社会实践转向的视角给贝尔纳科学学思想以全新的解读。发现贝尔纳科学学最大的贡献是以自己的远见卓识，在知识论科学哲学传统盛行的时代，把科学放回社会实践中，研究作为社会实践的科学，可以说是科学哲学社会实践转向的先驱。

（1）提出科学的社会实践转向这一全新视域。以此为线索廓清了贝尔纳科学学思想的基本框架，完成了对贝尔纳科学学理论的逻辑梳理。面对第一次世界大战中科学的非理性应用，科学的存在成为问题，必须有人为科学辩护，这正是贝尔纳科学学的出发点即从社会实践中科学存在的问题出发；上升到理论即关于科学的社会实践的理论，这正是贝尔纳科学学思想的核心；以此理论再回到现实实践中去解决科学造福于人类的问题，这正是贝尔纳所希望的科学自觉的社会实践，也是贝尔纳科学学的归宿。这三大块成为本书的主体结构。

（2）认为贝尔纳借由科学的社会实践转向引领科学哲学回归生活世界观。面对科学在战争中的非理性应用，贝尔纳认为知识论的科学哲学不能解决社会以及科学当前面临的困境。贝尔纳反叛脱离社会实践的科学哲学传统，转向科学的社会实践，回归现实生活世界。

（3）认为贝尔纳科学学与默顿科学社会学形成关于科学的社会研究的完整图景。贝尔纳开创广义的科学社会研究传统，宏观多维透视科学与社会，涉及科学的过去、现在和未来，而且关乎与科学相联系的其他领域。默顿则引领微观的科学体制社会学发展潮流，利用结构功能分析法聚焦科学体制，对科学的社会研究侧重于科学家共同体内部规范的相对静态的描述。可以说，贝尔纳与默顿科学的社会研究的两种进路彼此对立而又互补，从而形成关于科学的社会研究的完整图景。

（4）厘清贝尔纳科学学思想的渊源。贝尔纳之所以可以率先反叛脱离实践的哲学传统，关注科学的社会实践，回归生活世界，一方面与时代背景有关，即战争中科学的非理性应用引发科学的存废问题，另一方面则是由于马克思的实践观的影响。贝尔纳正是受马克思的影响而转向科学的社会实践研究的。

（5）提出贝尔纳科学教育观的后现代意蕴。贝尔纳具有后现代意蕴的多元化的科学教育目的观、开放性的科学教育课程观、探究、体验的科学教育教学观、过程取向的科学教育评价观，不仅适用于科学教育甚至可以推广到整个教育系统。这种教育观即使今天看来依然具有超前的眼光。

第一章
马克思主义哲学：贝尔纳科学学思想的理论来源

马克思（以及恩格斯）对科学这种社会现象的性质、作用和规律有过很多重要的论述。也许有人会觉得我们的时代距离马克思的时代已经太遥远了，尤其是如果要以科学的状况来描绘一个时代的特征，那么任何人都会意识到我们和马克思是处在多么不同的时代中，——马克思在他的时代（机器大工业的社会）里看到了人的体力被机器所取代，时至今日甚至人的脑力也可以被机器所取代。这是否意味着，在对科学这一日新月异的题材的研究中，转向马克思是一种不合时宜的行为呢？

其实，通过对马克思著作的研读可以发现，马克思对科学的研究是建立在唯物史观的基础上的，唯物史观是关于社会现象的正确哲学理论，以这种理论为指导去分析科学这种社会现象，才能在复杂的历史联系中认识科学的本质及其规律性。即使在科学技术已经如此发达，与马克思所处时代不可同日而语的今天，马克思的这些思想依然是可贵的；甚至可以说，恰恰是我们的时代才更需要理解马克思，因为我们离他天才般的预见阶段无疑是更近了。穿越历史时空，我们发现贝尔纳历史主义学派科学学的指导思想恰恰是唯物史观。

一、社会实践：科学的社会功能

科学的本质属性是什么？对科学本质的考察有两种进路。其一是从科学认识的方法或科学认识的成果来看待科学，其二是从唯物史观出发，把科学看作是一种社会现象，并置于社会整体之中来把握科学的本质。文艺复兴孕育时期的自然哲学家罗吉尔·培根、被誉为实验科学鼻祖的弗兰西斯·培根、法国唯理主义哲学家笛卡儿、英国哲学家洛克、德国古典哲学家康德和黑格尔，一直到和马克思同时代的孔德、斯宾塞等，基本上都局限于从科学认识的方法或科学认识的成果来看待科学，形成西方的知识论科学哲学传统。

马克思主义从唯物史观出发，认为如同"人的本质并不是单个人所固有的抽象物，实际上，它是一切社会关系的总和"，[1] 作为人特殊意识形式的科学，也是社会的产物。基于这个观点，不论是人还是包括科学在内的意识和认识都是社会实践的产物。应当说，明确科学是一种社会实践现象并将其置于社会的整体之中予以考察，这种对科学的认识在人类科学观发展史上是一种创见。与生产力互动、与生产关系互动、与意识形态互动的科学，其本质是与社会互动的科学，凸显的正是科学的社会实践性。

---

[1]　马克思恩格斯全集 . 第 1 卷 [M]. 北京：人民出版社，1960：5.

1. 与生产力互动的科学

在科学技术推动社会日新月异地发展的当代，谁也不会怀疑"科学技术是第一生产力"的论断。但是所有的观念都不是天生的，贝尔纳关于科学是生产要素的论断来源于马克思的科学观。马克思主义创始人的伟大之处就在于，他们在科学技术并入直接生产过程的初期就能够把科学技术置于生产力的高度来加以考察。在马克思的论述中，科学被看作是一种在历史上起推动作用的革命的力量。关于这一点在马克思恩格斯的著作中曾多次提及，在《政治经济学批判》中提到"劳动的社会生产力包括科学的力量……"。[1] 在《资本论》中又指出："劳动生产力是由多种情况决定的，其中包括：工人的平均熟练程度，科学的发展水平和它在工艺上应用的程度，生产过程的社会结合，生产资料的规模和效能，以及自然条件。"[2] 马克思甚至还有更惊人的预言，他说："所谓社会的劳动生产力，首先是科学的力量。"[3] 可见，马克思已经天才般地预见到了科学与技术、生产之间关系越来越密切的发展方向。

科学是一种社会现象。按照历史唯物主义的观点，自然科学是一种特殊的社会意识形态。与其他社会意识形态不同，它是自然界的客观反映，即用抽象的逻辑形式提供关于自然界的现象、过程及其发展规律的真理性认识。不为特定的经济制度和社会制度服务，也不随生产关系的变革而发生内容上的变更。科学作为知识形态的生产力可以

[1] 马克思恩格斯全集.第46卷[M].北京：人民出版社，1960：229.

[2] 马克思恩格斯全集.第2卷[M].北京：人民出版社，1960：53.

[3] 马克思恩格斯全集.第46卷[M].北京：人民出版社，1960：217.

与生产力、生产关系和其他社会意识形式发生互动，从而成为一般生产力。就科学与生产力的互动关系来说，一方面，科学是知识形态的生产力，或"一般社会生产力"（马克思语）通过物化为技术，进而实现在机器上，转化为物质生产力或现实的、直接的生产力，并且逐步成为"第一生产力"；另一方面，科学的存在发展又受生产力发展水平的制约。科学是在生产需要的刺激下产生的；在通常情况下，物质生产则是科学发展的根本性动力。马克思从科学与社会的密切关系上，揭示了科学技术是生产力。马克思认为："科学这种既是观念的财富同时又是实际的财富的发展，只不过是人的生产力的发展即财富的发展所表现的一个方面，一种形式。"[1] 科学是知识形态的社会生产力，自然科学应用于生产，并入生产过程，变成了直接的生产力。固定资本的发展表明，一般的社会知识、学问已经在很大程度上变成了直接的生产力。它表明："社会生产力已经在多么大的程度上被生产出来，不但在知识的形态上，而且作为社会实践的直接器官、作为实际生活过程的直接器官而被生产出来。"[2]

贝尔纳继承了马克思的唯物史观，通过科学的历史与社会考察得出"科学是社会生产要素"的结论。从历史上看，早期科学产生于原始生活的物质需要，而科学与工艺的后期发展，也是由于生产实践的经验知识推动，所以，"科学的发生和发展一开始就是由生产决定的。"[3] 与此同时，科学反过来又促进了生产技术的提高和改进，近代社会的

[1] 马克思. 经济学手稿（1857—1858 年）. 马克思恩格斯全集. 第 46 卷（下）[M]. 北京：人民出版社，1960：34-35.

[2] 马克思. 政治经济学批判（草稿）（1857—1858 年）. 马克思恩格斯全集第 46 卷（下）[M]. 北京：人民出版社，1960：219-220.

[3] 马克思恩格斯全集. 第 20 卷 [M]. 北京：人民出版社，1960：523.

特点之一，就是"科学的兴盛同经济活动和技术的进步相吻合，科学所遵循的轨道与商业和工业的轨道是相同的"。[1] "在 19 世纪初，科学成为人类生产中主要因素之一。"[2] 此时已经进入了一个科学指导工业发展的时代。"如果说第一次工业革命是把力学应用于手工工业，那么第二次工业革命是把科学广泛应用于机械、电力和化工工业。它的意义就在于科学被用于提出和解决生产上和工业组织上的问题。"[3] 可见，如马克思所预言，科学技术已经全面渗透到社会生活的方方面面，成为社会的重要组成部分。

在贝尔纳那里科学作为一种生产力，已不再是字面意义上的理解，而是变成一种明确的表述。贝尔纳坚信科学对生产方式的影响"所发挥的间接作用，目前是而且很可能在今后很长时期内仍然是它发挥作用的最重要方式"，[4] 科学就像技术一样，正在变为社会各种生产力中不可缺少的一部分。技术上的窍门必须由科学上的道理来支撑，这样才能维持现代人群的生活和生长。"科学通过它所促成的技术改革，无疑是对社会生产力的一种变革，以这样一种思路下来，科学对社会产生的作用就会不自觉地和间接地显现出来。"[5]

[1] ［英］J.D. 贝尔纳 . 历史上的科学 [M].伍况甫等译 . 北京：科学出版社，1981：19.

[2] ［英］J.D. 贝尔纳 . 历史上的科学 [M].伍况甫等译 . 北京：科学出版社，1981：313.

[3] ［英］J.D. 贝尔纳 . 科学与社会 [M].北京：三联书店出版社，1956：45.

[4] ［英］J.D. 贝尔纳 . 科学的社会功能 [M].陈体芳译 . 桂林：广西师范大学出版社，2003：449.

[5] ［英］J.D. 贝尔纳 . 科学的社会功能 [M].陈体芳译 . 桂林：广西师范大学出版社，2003：449.

2. 与生产关系互动的科学

就科学与生产关系的互动来说，一方面，它推动生产关系的变革，马克思主义是从科学技术对社会作用的角度来论证科学是一种在历史上起推动作用的革命力量。恩格斯当年在马克思墓前曾这样阐述马克思的科学观："他把科学首先看成历史的有力的杠杆，看成是最高意义上的革命力量。"[1] 另一方面，生产关系又制约着科学发展的方向、规模、速度和社会功能的实现。马克思在资产阶级战胜封建统治者的过程中看到了技术的革命力量。他认为中国古代科技发明中的"火药、指南针、印刷术——这是预告资产阶级社会到来的三大发明"，[2] 火药把封建骑士阶层炸得粉碎，指南针打开了世界市场并建立了殖民地，而印刷术则变成了科学复兴的手段。实际上，马克思和恩格斯在这里已经把科学技术看成是生产力了。因为按照他们所创立的唯物史观，生产力决定生产关系并最终决定社会。

马克思指出："蒸汽电力和自动纺织机甚至是比法国大革命的领导人巴尔贝斯、拉斯拜尔、布朗基更危险万分的革命家。"因为"蒸汽大王在前一个世纪翻转了整个世界，现在它的统治已到末日，另外一种更大得无比的革命——电力的火花将取而代之。"[3] 而现代自然科学和现代工业一起变革了整个自然界，结束了人们对于自然界的幼稚态度和其他的幼稚行为。恩格斯认为，蒸汽机和棉花加工机的发明

---

[1] 马克思恩格斯全集 . 第 19 卷 [M]. 北京：人民出版社，1960：372.

[2] 马克思恩格斯全集 . 第 47 卷 [M]. 北京：人民出版社，1960：247.

[3] 马克思 . 在人民报创刊纪念会上的演说 . 马克思恩格斯选集 . 第 2 卷 [M]. 北京：人民出版社，1995：72.

推动了产业革命，产业革命同时又引起了市民社会中的全面变革，而它的世界历史意义只是在现在才开始被认识清楚。马克思在《机器、自然力和科学的应用》等著作中，对于资本主义社会的科学技术基础作过大量的论述。他认为："只有资本主义生产方式才第一次使自然科学为直接的生产过程服务。""科学因素第一次被有意识地和广泛地加以发展、应用并体现在生活中，其规模是以往时代根本想象不到的。""只有在这种生产方式下，才第一次产生了只有用科学方法才能解决的实际问题，第一次在相当大的程度上为自然科学创造了进行研究、观察、实验的物质手段。""只有资本主义生产才第一次把物质生产过程变成科学在生产中的应用。"[1] 在资本主义制度下，科学是作为资本的力量而与工人相对立的，它的发展又受到限制。马克思《共产党宣言》指出："资产阶级在它的不到一百年的阶级统治中所创造的生产力，比过去一切世代创造的全部生产力还要多，还要大。自然力的征服，机器的采用，化学在工业和农业中的应用，轮船的行驶，铁路的通行，电报的使用，整个大陆的开垦，河川的通航，仿佛用法术从地下呼唤出来的大量人口，——过去哪一个世纪能够料想到有这样复杂的社会劳动力呢？"[2]

可见，马克思既强调科学技术的历史作用，又不是科学技术决定论者。马克思认为在科学技术与社会之间存在着一种双向的相互作用，这种相互作用是受一定的生产方式制约的。马克思的这一思想成为当今科学的社会研究的重要指导思想。

---

[1]　马克思恩格斯全集. 第 47 卷 [M]. 北京：人民出版社，1960：570.

[2]　马克思恩格斯选集. 第 1 卷 [M]. 北京：人民出版社，1995：256.

3. 与意识形态互动的科学

科学与社会互动的第三方面是科学和社会意识形式的关系，包括科学与哲学、科学与宗教、科学与文学艺术等方面的关系，这种关系其实就是马克思的"一门科学"的思想。马克思关于"一门科学"（统一科学）所体现的统一科学（或科学统一）的思想，是马克思科学观中极为关键的内容。那么，什么是"一门科学"？

在《德意志意识形态》中马克思第一次表达了自己的科学观。他说："我们仅仅知道一门唯一的科学，即历史科学。历史可以从两方面来考察，可以把它划分为自然史和人类史。但这两方面是密切相联的；只要有人存在，自然史和人类史就彼此相互制约。自然史即所谓自然科学，我们在这里不谈；我们所需要研究的是人类史，因为几乎整个意识形态不是曲解人类史，就是完全撇开人类史。意识形态本身只不过是人类史的一个方面。"[1]

20 世纪基础科学的发展其实就是一个不断在验证马克思"一门科学"思想的过程。20 世纪基础自然科学的两大特点一体化与历史化，就是马克思"一门科学"思想在自然科学领域的展现。一体化表现为各门学科在研究中日益贯穿整体观点；学科内部以及各门学科趋于形成统一的整体；横断学科与综合学科的出现。一体化的本质恰恰是历史化。"科学家逐步觉察到，各门科学正在研究时间相续的自然界演化的各个阶段，自然科学整体正在成为历史的延续体。"而且，科学家们很快就发现，"由宇宙学……经化学、生物学……心理学而进入社会科学，由一门学科到另一门学科的过渡，不仅将人类关于自然界

---

[1] 马克思恩格斯.德意志意识形态[M].北京：人民出版社，1961：10.

的知识联结成一个整体以说明自然界的统一性，而且再现了宇宙演化至今的各个阶段……科学不仅在空间上展现自然界，而且在时间上揭示自然界的演化过程。"[1] "20 世纪后自然科学的发展方向重新与自然界演化方向一致，自然科学再度成为自然史。"[2] 但是，遗憾的是科学的链条上还有多处环节没有沟通，尤其是自然史与人类史没有完全统一成为真正的"一门科学"。

马克思曾经在《1844 年经济学哲学》手稿中揭示过这样的一种现实："自然科学展开了大规模的活动并且占有了不断增多的材料。而哲学对自然科学始终是疏远的，正像自然科学对哲学也始终是疏远的一样。""甚至历史学也只是顺便地考虑到自然科学，仅仅把它看作是启蒙、有用性和某些伟大发现的因素。"[3] 马克思认为在理论科学领域存在这样的情况是人类发展到一定的历史阶段出现的暂时现象。这一现象本身意味着双重的历史意义。一方面，它表明了自然科学的历史性进展——自然科学已经发展出属于自己的实验方法和科学的形式，并且通过进入大工业的直接生产过程而获得了巨大的实际成效，也获得了继续发展的可靠基础；相形之下，诸如哲学、历史学、政治学、宗教、伦理学等社会科学却还处于意识形态的范围之内，没有发展出真正科学的形式。另一方面，尚处于相互疏远、互不相容境况下的自然科学和社会科学本身还都不能成为真正意义上的科学。

造成这种现象的原因是，自然科学或社会科学各自的内部都不断

[1] 吕乃基.科学与文化的足迹 [M].北京：中国科学文化出版社，2007：138.

[2] 吕乃基.科学与文化的足迹 [M].北京：中国科学文化出版社，2007：140.

[3] 马克思.1844 年经济学哲学手稿，马克思恩格斯全集.第 3 卷 [M].北京：人民出版社，2002：307.

有新的分支学科产生，在一定的程度上（和一定的方面）使不同的学科之间的壁垒日益加深，在某一个学科内的专家在另一学科内则可能是一个完全的外行，这样的情况甚至可能发生在同一种科学之中。这种情况自然会使从事不同科学研究的人们产生理解上的隔阂甚至误解和敌视。关于这个主题，不同领域的学者从不同的角度出发所做的探索和努力从来没有真正间断过。例如，上个世纪中期因英国著名学者C.P. 斯诺提出了"两种文化"说，引发的大规模讨论。长期与科学家群体和人文学者群体皆有密切交往的斯诺，用"两种文化"一词总结了他所看到的存在于西方知识界中的一个重要现象。具体地说就是"文学知识分子在一极，而在另一极是科学家，其中最具代表性的是数学家和物理学家。在这两极之间是一条充满互不理解的鸿沟，有时（特别是在年轻人中）是敌意和不喜欢，但大多数是由于缺乏了解。他们互相对对方存有偏见。"[1] "非科学家有一种根深蒂固的印象，那就是科学家是肤浅的乐观主义者，他们不知道人类的状况。" "科学家认为文学知识分子完全缺乏远见，尤其是不关心他们的同胞，在深层次上是反知识的。"[2] 斯诺之所以总结并提出这样一个社会现象，是因为他认为这是一件足够"严重的事情"，其后果在于人们可能会失去对科学的公正判断。因而，他用自己的所见来告诉大家相互敌视的两极之间所存在的误解，从而呼吁一种共有的文化，从中人们能够比较客观地了解科学是什么，以及它能做什么和不能做什么。

而围绕几乎同样的主题，从上世纪末到本世纪初，又有所谓"索卡尔事件"引发的一场轰轰烈烈的"科学大战"发人深省。物理学家

[1] C.P. 斯诺. 两种文化[M].陈克艰，秦小虎译. 上海：科学技术出版社，2003：4.
[2] C.P. 斯诺. 两种文化[M].陈克艰，秦小虎译. 上海：科学技术出版社，2003：5

斯蒂文·温伯格在一篇名为《索卡尔的恶作剧》的评论文章中说过这样一句话："科学家与其他知识分子之间的误解的鸿沟看来还像30多年前C.P.斯诺所担忧的那样宽。"[1] 而索卡尔本人则表达得更为彻底，他认为："与一些乐观的言论相反，这'两种文化'在心态上可能比过去50年任何时候还要分隔。"[2] 无论这种观点是否带有个人的偏激，它却足以证明在科学之间，尤其是自然科学和人文科学之间真实存在的隔膜。这种隔膜的发展趋势看起来恰如马克思谈论异化时所说的，似乎必定要在经历了异化的极致之后才能真正走向异化的扬弃。也就是说，从辩证的角度来看，正像充分的分化对于更高的发展来说也许是必要的一样，科学之间的分离和对立对于科学的发展及其更长远的和更高层面上的综合来说也许是必要的。当自然科学与人文科学的融合在当代依然是个艰难的问题的时候，马克思"一门科学"以及历史与逻辑统一的思想在某种程度上依然可以给我们启发。

二、科学的社会实践：研究科学的新视域

由于对人类生存和发展的重要性，科学技术早就成为许多学科研究的对象，而社会作为人类存在的基础，更是一系列学科的研究对象。但是把科学技术与社会联系起来，把它们之间的相互关系作为独立的研究对象加以研究则始于马克思。正是在黑森事件的影响下，带来了

---

[1]　索卡尔等."索卡尔事件"与科学大战—后现代视野中的科学与人文的冲突[M].蔡仲，邢冬梅等译.南京：南京大学出版社，2002：109.

[2]　索卡尔.跨越界限：后语.知识的骗局.引自龚育之.科学与人文：从分隔走向交融[J].自然辩证法研究，2004(1).

马克思主义世界观和方法论，回归生活世界成为科学社会研究的新视角，唯物史观和实践观点成为贝尔纳科学社会实践转向的理论基础和归宿。

1. 回归生活世界：科学社会研究的新视角

贝尔纳科学学思想渊源于马克思主义哲学，贝尔纳对马克思主义哲学的继承主要是马克思的社会分析方法。1931 年国际科学技术史大会让贝尔纳开始接触到马克思主义，从而使这位在分子生物学界很有影响力的英国科学家转向探讨科学与社会的互动作用，并且因此改变了终生的研究方向。由此，1931 年国际科学技术史大会就成了一个必须阐述的主题。

1931 年 6 月 29 日至 7 月 3 日，第二届国际科学技术史大会在英国伦敦南肯辛顿科学博物馆讲演厅举行。本来在科学界并没有多大影响力的科学技术史大会，却因苏联代表团的参加使这一届科学技术史大会在西方科学界产生了不小的波澜，这也是众多科学家所始料未及的。之所以产生广泛而深远的影响倒不是苏联代表团成员的级别之高，而是由于苏联物理学家黑森向国际第二届科学史大会递交的题为《牛顿力学的社会经济根源》的论文。

在这篇文章中，黑森首先指出他的出发点就是运用马克思所创立的辩证唯物主义方法及其历史进程的观点，联系牛顿生活和工作的时期，分析牛顿工作的缘起和发展。对于当时西方众多科学家或者是科学史学家，甚至科学哲学家们来说，这是一种全新的研究方法，可以说像是一道在黑暗中闪烁的光芒。因为那个时代对于科学的众多困惑让人们感到不知所措，往往囿于科学自身的圈子不能有所超越，也不

能解决现实问题。黑森认为牛顿的创造性活动的巅峰时期恰值英国的
内战和英联邦时期。财产私有制是中世纪和近代史的那一段世界历史
时期首要的普遍特征，如果对那段历史再作详细的划分，则可以划分
成三个不同的分期。第一个时期是封建主义统治时期；第二个时期始
于封建体系的瓦解，其特征是商业资本主义和制造业的出现和发展；
第三个时期为工业资本主义占统治地位的时期，这一时期产生了大规
模的工业、自然力用于工业、机械化和最细密的劳动分工。依据黑森
的观点，牛顿的活动出现在私有财产发展史的第二个时期内。这也就
说明了牛顿所生活的时代是资本主义发展的初期，牛顿的科学思想及
其哲学满足了资本主义发展的社会、经济需求。

　　接下来黑森对牛顿时代英国资产阶级革命中的阶级斗争状况，以
及在阶级斗争中反映出来的从培根到休谟的政治哲学及宗教观念做出
分析，试图证明牛顿研究工作的发展条件及其物理学、哲学成果的特
征，想进一步揭示出牛顿哲学观不彻底的必然性。黑森的意思大概是
为了说明牛顿的科学与哲学正好和资产阶级在革命和发展中所表现出
来的特征的相似性。虽然他在语言表述上没有明确，但是他对牛顿所
生活的那段英国历史时期的阶级斗争和牛顿的哲学观的分析得出这样
的结论，即历史发展的最终决定因素是现实生活的生产和再生产，但
这并不意味着经济因素是唯一的决定因素，就已经让他所想要表达的
观点显得非常清楚了。

　　当然，社会在发展，科学也要发展。要想知道牛顿这样伟大的科
学家所以取得如此伟大的成就，最好从产生这些成就的社会背景中去
寻找。反过来，同样可以得出科学若要在新时代发展、进步，同样需
要适合社会、经济背景。因此，黑森在他文章的最后指出，只有在社

会主义社会，科学才成为全人类的真正财富。崭新的发展道路正展现在科学的面前。在社会主义社会，无论是在无限的空间，还是在永恒的时间中，没有什么力量能阻挡科学胜利前进的步伐。

对牛顿科学活动的马克思主义唯物史观的分析，首要的是将牛顿的成就以及牛顿的世界观看作是特定时期的产物。这是黑森对于牛顿时代的科学的理解，也是他对整个西方科学的理解，也是他们运用马克思主义哲学对西方科学史及西方科学发展的理解。这种理解角度不只是一种方法，而且具有方法论的意义。他在对牛顿《自然哲学的数学原理》的内容进行简要概述中，展现了这一时期产生于经济和技术需要的诸多物理学主题。显而易见，牛顿的主要成就是对地球和天体力学的研究，虽然按其特征来说，所有这些问题都是力学问题，但它们无不和那个时代的社会、经济紧密相连。

无疑黑森把马克思主义方法论应用于研究科学，并成功尝试着将牛顿力学放在 17 世纪英国的社会、政治和经济背景来解释，开创了科学史学方法论上外史的先河，凭借这篇论文在科学史上占有重要的地位。黑森的言论不仅使西方科学家开始接触并认识马克思辩证唯物主义和历史唯物主义，更是在科学家们为科学发展的前景担忧的社会背景下，起到一种"犹如爆炸式的作用"，同样也赢得世界进步科学家"特殊的共鸣"。

显然，1931 年世界科学技术史大会，对包括贝尔纳在内的世界科学家都产生了非常深刻的影响。但是，黑森的影响也只是在理论上对研究科学给出了一个全新但只是粗线条的概述，提供了科学的社会研究一种可供选择的视角。它的影响也只能说是一种启发式的，当然这里也包括引起了许多科学家对辩证唯物主义和历史唯物主义的兴趣。

　　站在当代哲学回归生活世界的视角看，黑森开辟的不仅是一种科学史研究方法，更重要的是他的研究符合近代哲学向现代哲学转折的潮流，即由近代哲学的科学世界观向现代哲学的生活世界观回归。"从马克思开始，西方哲学便开始了一个转折，且是一个根本性的转折，是认识视野或哲学视野的根本置换。"[1]黑森把这种哲学视野的置换带到了世界科学家面前，可想而知会引起的剧烈振荡。

2. 唯物史观：科学学的理论基础

　　1954年，贝尔纳在他的巨著《历史上的科学》一书的序言中写道："在最近30年里，主要由于马克思主义思想的冲击才成长了这个观念。非但自然科学家们在其研究工作中所用的那些方式方法，而且连他们在理论性研究途径上的那些指导思想也是社会事件和社会压力所决定的。"[2]的确，正是在马克思主义思想的启蒙、影响和冲击下，20世纪二三十年代科学学的研究才逐步兴起。在贝尔纳的心目中，马克思不仅是一位无产阶级革命家，而且是一位研究"人类社会历史发展"和"通晓各种科学"，具有渊博知识的科学家。当西方科学家盛赞贝尔纳对科学学的贡献时，他却异常清醒地指出，马克思主义才是当之无愧的科学学理论的奠基者。就连科学社会学的创始人默顿也承认，马克思的功劳在于搞清了科学活动和社会结构间的相互联系。

　　马克思主义的科学观实际上作为唯物史观的重要组成部分而形成

---

[1]　李文阁.回归现实生活世界[M].北京：中国社会科学出版社，2002：8.

[2]　［英］J.D.贝尔纳.历史上的科学[M].伍况甫等译.北京：科学出版社，1981：5.

于 19 世纪中叶。正确的历史观的形成与科学的发展有密切的关系。唯物史观不可能产生在古代，因为那时科学尚未独立，科学一直到中世纪还只是神学的"婢女"。唯物史观甚至也不能产生在 17 世纪和 18 世纪。那时，科学虽已独立，但尚未成为生产力，而且科学本身正处在逐步发展阶段。因此，与当时科学和生产发展的这种状况相适应的历史观，是一种"从历史运动中排除掉人对自然界的理论关系和实践关系，排除掉自然科学和工业"，亦即"把历史同自然科学和工业分开"[1] 的唯心主义历史观。19 世纪恰好具备了这样的历史条件，它是科学、技术和生产全面跃进的时期。在这一时期里，在各个分支领域已取得长足进展的自然科学通过技术这个环节，被并入物质生产过程，从而导致资本主义生产力发生了空前的质的飞跃。由此可见，只有在自然科学与物质生产相结合以后，历史观才有可能被奠定在物质生产基础上。这时，不仅生产力对历史发展的决定性作用得到了充分的显露，而且随着生产力的巨大发展，社会化大生产代替了小生产方式，也使人与人之间的关系全面发展起来。总之，历史观变成科学的唯物史观，是以科学成为生产力为前提的。

对科学是生产力的更深理解也要回到马克思主义唯物史观上来。纵观马克思的唯物史观，劳动是马克思研究工作的出发点，这个大概是西方政治经济学的传统，亚当·斯密《国富论》的论题也是围绕劳动而展开的。劳动就必定要涉及人和自然，因为劳动一定是人的劳动，人的劳动对象当然是自然，与人之相对的自然。劳动需要劳动资料，当然从另一个侧面来讲，劳动资料又将会涉及劳动者和劳动工具。整个社会劳动过程就是社会生产过程，在生产过程中劳动者和劳动工具

---

[1]　马克思恩格斯全集.第 2 卷 [M].北京：人民出版社，1960：191.

体现了社会生产力，而在社会生产的过程中又将会引出另外一个问题，即社会生产关系，马克思研究生产关系的成果是他的政治经济学，当然这不是本书研究的主题，但是在生产关系中的生产方式，尤其是资本主义生产方式是产生社会对立的根源，其实质也是人与自然的对立。很显然贝尔纳是继承了马克思的科学观，在贝尔纳那里科学作为一种生产力，已不再是字义上的理解，而是变成一种明确的表述。"科学像人类所有其他的建制即语言、艺术、宗教、法律和政治一样，已造成了一种内容和一种力量……更重要的事实却是科学近来就像技术经常那样，正在变为社会的各种生产力中不可缺少的一部分。技术上的窍门现在必须由科学上的道理来支撑，这样才能维持现代人群的生活和生长。"[1]

马克思主义唯物史观为科学学的发展提供理论指导。马克思开创的辩证唯物主义和历史唯物主义，推翻了长期占统治地位的唯心史观，建立了唯物史观。科学地论证了人类社会的形态和发展规律，指出社会主义和共产主义为科学的发展开辟了广阔的前途，为社会主义科学的发展奠定了理论基础。对此，贝尔纳给予了高度的评价，他认为马克思是社会科学领域的伽利略或达尔文。"现在我们能够从历史的眼光看到，马克思和恩格斯由于创立了关于社会的新科学做出了多么巨大的贡献，它在知识方面是可与伽利略对自然科学的贡献相比，或者可与达尔文对生物学的贡献相比的一个巨大的成就。它在实质上比任何自然科学领域里面最伟大的发现还要重要得多。"[2]贝尔纳认为马克

[1]［英］J.D.贝尔纳.历史上的科学[M].伍况甫等译.北京：科学出版社，1981：694.

[2]［英］J.D.贝尔纳.科学与社会[M].北京：三联书店出版社，1956：55.

思主义的唯物史观是他所坚持对科学进行规划和管理的理论基础。"辩证唯物主义最有用的地方就在于选择学术范围，决定该范围内的工作方针，并建立与自己或其他近似的知识部门的科学工作者的联系。它实际上是科学的有计划的进展的哲学，以替代许多个人各走自己的道路的那种进展，它也帮助其他人，自觉地——增加科学知识，不自觉地——随着社会潮流所指出的方向。"[1]

马克思主义是贝尔纳的科学学思想的一个重要理论来源。与西方马克思主义学者们一样，贝尔纳是从马克思对资本主义的批判中汲取需要的学术营养。但是贝尔纳与西方马克思主义学者走的是完全不同的另外一种路径。西方学者大多数是抓住马克思的"异化"的概念，从劳动对物的"异化"入手。贝尔纳认为马克思关于科学的思想中的核心部分是科学的社会本质，科学与社会之间的辩证关系，以及科学技术与经济、社会的协调发展。无疑贝尔纳的思想受到了马克思主义创始人思想的影响，从贝尔纳的言论中完全可以看出马克思的影子，也可以说，马克思主义思想不仅为贝尔纳的科学学提供了理论框架结构，而且马克思的这些观点也成为我们今天研究科学的总的指导思想。

如果说科学学的一个重要特征是将科学与社会发展联系在一起来研究，那么这样的做法显然来自于马克思。马克思认为工业是人同自然界之间互动的活动，也是自然科学同人之间的现实的历史关系。自然科学通过工业已在实践上进入人的生活，改善人的生活，并为人的解放做准备。科学发展与工业活动之间存在着的关系是马克思所关注的，马克思完全认识到了现代科学的存在是大规模机器

---

[1] ［英］J. D. 贝尔纳. 科学与社会 [M]. 北京：三联书店出版社，1956：63.

工业的一个必要前提，但马克思的目的是要清楚机器工业在大生产中的作用。很显然贝尔纳更注意到了，马克思同时认识到科学不是人类思想自发的创造物，他认为科学是它本身为之服务的社会和工业力量的产物。

在战后西方，贝尔纳是最早明确应用马克思主义指导从事科学学研究的科学家。他认为马克思"能运用智慧的全部力量来改变我们所称为社会科学与自然科学的思想与行动之方法"。[1] 因此，"今日的科学家已不能再忽视马克思主义和拒绝利用它的思想方法，人们如果在理论和实践中完全掌握这一方法，就能在我们认识世界、因而在解决我们的物理问题和社会问题的集体能力中引起一个新的跃进。"[2] 由此可见，贝尔纳关于科学学研究、发展要以马克思主义为指导的思想，并不是纯粹出于一种信仰，而是对科学发展史进行全面考察研究，并对各种哲学、社会学流派的科学观念进行分析比较后得出的严肃结论，这是他科学观的重要组成部分。

3. 实践观点：科学学的出发点和归宿

实践观是马克思主义思想的核心观念，但是马克思的实践观并不是单纯地服务于自然科学。因而探究马克思的实践观就显得并不那么直白，因为从马克思的论述中不难看出马克思所言的实践很大程度上指的是社会实践，而不是单纯地指向自然科学在社会生活中的应用，他的实践观应该包括社会生活的各个方面。然而，本书的主旨是马克

[1] ［英］J. D. 贝尔纳. 科学的社会功能 [M]. 陈体芳译. 桂林：广西师范大学出版社，2003：447.

[2] ［英］J. D. 贝尔纳. 科学与社会 [M]. 北京：三联书店出版社，1956：96.

思的实践观对 20 世纪一位自然科学家的工作所产生的影响做出相应的叙述，因而在对马克思的实践思想进行探讨时不应过于宽泛，因此在下面的阐述中尽量只涉及与本书有关的内容。因为在对贝尔纳的科学学思想进行研究之后发现，马克思的实践观很有可能就是贝尔纳科学学思想的出发点和归宿。

马克思主义是关于实践的哲学，实践性是马克思主义哲学的基础，它有两层含义：第一，马克思主义来自于实践，并为无产阶级的革命实践服务。第二，它要在实践中不断完善和发展。有人甚至建议把原来称谓的"辩证唯物主义"改为"实践唯物主义"以表明在马克思那里实践的基础性地位。马克思主义哲学在历史上第一次表明思想和行动是不可分的，"而纯粹的思想只是一种流产的行动"。[1] 实践的观点是马克思主义思想的一个重要组成部分，在《关于费尔巴哈的提纲》里马克思明确地指出，"社会生活在本质上是实践的。凡是把理论引向神秘主义方面取得神秘的东西，都能在人的实践中以及对这个实践的理解中得到合理的解决"。因为"人的思维是否具有客观的真理性，这并不是一个理论的问题，而是一个实践的问题。人应该在实践中证明自己思维的真理性，即自己思维的现实性和力量，亦即自己思维的此岸性。关于实践的思维是否具有形式性的争论，是一个纯粹经院哲学的问题"。[2] 对于科学来说，不应该是停留在对现实的描述，而思辨终止的地方是人们的实践，同样地，"对现实的描述会使独立的哲学失去生存环境，能够取而代之的充其量不过是从对人类历史发展的观

[1] ［英］J.D. 贝尔纳. 科学与社会 [M]. 北京：三联书店出版社，1956：33.
[2] 马克思. 关于费尔巴哈的提纲. 马克思恩格斯选集. 第 1 卷 [M]. 北京：人民出版社，1995：16-19.

察中抽象出来的最一般的结果的总和。这些抽象本身离开了现实的历史就没有任何价值。"[1] 马克思这些思想已经渗透到贝尔纳的著作中，也成为贝尔纳学术思想的方法论基础，在马克思主义的影响下，贝尔纳形成了自己的实践科学观。他认为科学作为上层建筑的重要组成部分，当然会同社会紧密相连，科学也自然应该为社会服务。可以说贝尔纳正是借由这一点找到了科学与社会之间联系的纽带，这正是贝尔纳关于科学的观念超越前人的地方。

"马克思哲学的变革是一种思维方式的根本转换，即用实践论思维方式取代了本体论思维方式，实践是马克思哲学的根本原则，是理解一切哲学问题、解决各种哲学纷争的立足点和出发点。"[2] 在这种思维方式下，人和自然界的对象性关系本质上就是一个实践的问题。在实践中消除了人与自然界、主体与客体、物质与精神之间的对立。只有通过实践人才能把自己从自然界中外化出来，成为自然界的对象，并使自然界成为自己的对象，从而实现与自然界物质和能量的交换，以满足人类日益增长的生存和发展的需要。在对待自然科学问题上，马克思沿着同样的思维进路阐述他的观点。他认为自然科学不是纯粹的思维活动，它同样具有实践性，而这里应该更加强调的是这种实践的社会性。在批判费尔巴哈哲学时，马克思指出自然科学中只有物理学家和化学家的眼睛才能识破的秘密，因为如果没有工业和商业，哪里有自然科学？"纯粹的"自然科学也只是由于人们的感性活动才达到自己的目的和获得材料的。这种活

[1]　马克思恩格斯.德意志意识形态.马克思恩格斯选集.第1卷[M].北京：人民出版社，1995：31.

[2]　李文阁.回归现实生活世界[M].北京：中国社会科学出版社，2002：13.

动、这种连续不断的感性劳动和创造、这种生产是整个现存感性世界的非常深刻的基础，使自然界将发生巨大的变化。[1] 马克思主义哲学强调人的社会性，着重探讨人与人之间的社会关系，由此可以看出，这种社会关系其实是由人与自然的关系而推导出来的。马克思把自然界纳入人的实践活动范围进行考察，深刻地批判了形而上学唯物主义的观点，用人与自然界在实践中辩证统一的唯物主义观点，代替主客体在理念中统一的唯心主义观点和人与自然界分离和对立的、机械的、非历史的唯物主义观点。

为什么要将人与自然关系单独列出，因为如果要将贝尔纳在《科学的社会功能》中对那些为科学而科学的行为进行批判的论述中的观点与马克思的论述进行比照，将会发现他们之间很难找出实质的不同。贝尔纳的科学学思想深受马克思思想的影响，在他们看来，科学技术是架通人与自然的桥梁，是人类走向自然的必由之路。而所谓的"架通"、"走向"本身就是一个实践的过程。

在马克思看来人靠自然界生活。"我们必须时时记住我们统治自然界决不像征服者统治异民族一样，决不像站在自然界以外的人一样。相反地，我们连同我们的血肉和头脑，都属于自然界、存在于自然界的。"[2] 人的肉体生活和精神生活同自然界相联系，也就形成了人与自然之间的实践关系，在同自然之间实践关系的基础上形成了人与人之间的社会关系。然而随着大工业时代的到来，资本主义生产关系的形成，深刻地改变了世界，"它首次开创了世界历史，因为每个文明国

---

[1]　马克思恩格斯.德意志意识形态.马克思恩格斯选集.第1卷[M].北京：人民出版社，1995：49—50.

[2]　马克思恩格斯选集.第3卷[M].北京：人民出版社，1995：518.

家以及这些国家中的每一个人的需要的满足都依赖于整个世界，因为它消灭了以往自然形成的各国孤立状态。它使自然科学从属于资本，并使分工丧失了自然性质的最后一点痕迹。它把自然形成的关系一概消灭掉（只要这一点在劳动范围内可能做到的话），它把这些关系变成金钱的关系。"[1] 当这种功利主义、实用主义的金钱关系出现之后，科学、技术的应用被误导，出现了科学在战争中的非理性应用。反思科学，走出功利主义科学观和西方自希腊以来理性科学所追求的为科学而科学的理想主义科学观，在马克思实践观的指导下，把科学放于社会之中，研究科学的社会实践，转向作为实践的科学，成为贝尔纳科学学的出发点和归宿。

贝尔纳认为，马克思主义作为人类有史以来哲学社会科学的最高成果，它最伟大的意义在于成为科学社会实践的指导思想。马克思以哲学家们只是以不同的方式解释世界，而问题在于改变世界的气魄成为首屈一指的革命的哲学家、实践的理论家。马克思的实践观是与认识论紧密相连的，从一定意义上说，马克思的实践观可以归纳为他的认识论范畴。对理性的追求贯穿西方文化的始终，从古希腊到启蒙运动甚至到今天对于理性的追求西方人始终没有停歇过，但是这其中有一个误区：要么使哲学脱离现实生活世界，成为抽象、思辨的形而上学，理性由此变为彼岸世界的存在，重新成为统治世界的"神"；要么把变革现实的希望完全寄托于理性。马克思完全摒弃了这种思维进路，在他看来，变革旧哲学就是要使哲学从人的生活世界和现实活动去说明社会的发展和人本身。马克思是把知识

---

[1]　马克思恩格斯.德意志意识形态.马克思恩格斯选集.第 1 卷[M].北京：人民出版社，1995：67.

和行动结合的非常好的人。

贝尔纳科学学践行了马克思的实践观。面对第一次世界大战中科学的非理性应用，科学的存在成为问题，必须有人为科学辩护，这正是贝尔纳科学学的出发点即从社会实践中科学存在的问题出发；上升到理论即关于科学的社会实践的理论，这正是贝尔纳科学学要旨；以此理论再回到现实实践中去解决科学造福于人类的问题，这正是贝尔纳所希望的科学自觉的社会实践，也是贝尔纳科学学的归宿。可见，贝尔纳科学学的核心就是促使科学自发的社会实践到科学自觉的社会实践。

贝尔纳深受马克思的影响，这一点在很多方面都可以看出来。例如，在论证社会科学的发展在目前为什么得不到支持时，他认为，这与其说是由于它们有固有的困难，不如说是由于仅仅进行这种研究就是对目前社会制度的彻底批判。在资本主义制度下，它们是永远不会得到发展的，为了发展社会科学而进行的斗争同时也就是改造社会的斗争。我们知道解决人类社会面临的很多问题的阻力都来自社会，因此要克服社会阻力，首先必须了解社会。显然贝尔纳在这方面的认识要深入一步。他认为："假如不在同时去改革社会，就不可能对社会有科学的了解。现在的学院式的社会科学对于这种目的完全没有用，必须对这种社会科学加以扩大和改造。社会科学必须同塑造它的社会力量保持联系，才能成长起来。"[1] 贝尔纳的观点是正确的，社会科学本身就是关于人类社会实践的科学，为了社会科学发展而进行的斗争同时也就是改造社会的斗争，社会科学的发展应该是与实践统一的。

---

[1]　[英] J. D. 贝尔纳. 科学与社会 [M]. 北京：三联书店出版社，1956：9.

三、科学的社会实践转向：贝尔纳创立科学学

黑森事件提供了贝尔纳研究科学的新视域，使他在马克思主义哲学唯物史观的理论指导下，揭示了科学本质的社会性，开创了宏观的科学社会研究的传统，创立科学学学科。

1. 揭示科学本质的社会性

马克思曾明确地指出，生产是科学产生和发展的实践基础。他说"如果没有商业和工业，自然科学会成什么样子呢？甚至这个纯粹的自然科学也是由于商业和工业，由于人们的感性活动才达到自己的目的和获得材料的。"[1] 他认为，在原始社会，人类对自然条件的依赖是第一位的。那时的物质技术基础就是制造简单的工具和武器。对于封建社会及其向资本主义社会过渡中的技术基础，马克思早在 1847 年就指出："随着新生产力的获得，人们改变自己的生产方式，随着生产方式即保证自己生活的方式的改变，人们也就会改变自己的一切社会关系。手工磨产生的是封建主为首的社会，蒸汽磨产生的是工业资本家为首的社会。"[2] 这里，马克思突出地强调了技术在社会变革中的作用。后来，马克思又详细地考察了磨的发展史，认为磨的发展从中世纪到 18 世纪中，经历了人力磨、畜力磨、水力磨、船磨、风磨、蒸汽磨等不同的阶段，这些技术的不同阶段对应于不同的社会状况，

[1] 马克思恩格斯全集 . 第 3 卷 [M]. 北京：人民出版社，1960：62.

[2] 马克思恩格斯全集 . 第 4 卷 [M]. 北京：人民出版社，1960：144.

进一步证实了技术的社会本质。因此，马克思明确地指出，生产是科学产生和发展的实践基础。恩格斯在考察了社会发展史和科学发展史后，也认为科学是社会发展到一定历史阶段的产物。他说："劳动本身一代一代地变得更加不同、更加完善和更加多方面。除了打猎和畜牧外，又有了农业，农业以后又有了纺纱、织布、冶金、制陶器和航行。同商业和手工业一起，最后出现了艺术和科学。"[1] 所以，恩格斯认为，科学的发生和发展一开始就是由社会生产决定的。"在中世纪的黑夜之后，科学以意想不到的力量一下子重新兴起，并且以神奇的速度发展起来，这是一个奇迹，这个奇迹要归功于生产。"[2] 可见，恩格斯直截了当地把科学与人类物质利益紧密相关的生产活动联系在一起："以前人们说的只是生产应归功于科学的那些事；但科学应归功于生产的事却多得无限。"[3]

贝尔纳认为："马克思主义和科学的关系在于马克思主义使科学脱离了它想象中完全超然的地位，并且证明科学是经济和社会发展的一个组成部分，而且还是一个极其关键的组成部分……我们正是靠了马克思主义才认识到以前没有人分析过的科学发展的动力"[4] 和科学的社会本性。马克思科学的社会本质观，开创了把科学放于社会实践中考察的全新的科学社会研究的方法，对贝尔纳产生了全面、深刻的影响，可以说，他创立的科学学正是沿着马克思指引的这条路径在前进……

[1]　恩格斯.自然辩证法[M].北京：人民出版社，1971：156.

[2]　恩格斯.自然辩证法[M].北京：人民出版社，1971：162.

[3]　马克思恩格斯全集.第20卷[M].北京：人民出版社，1960：523-524.

[4]　[英] J.D.贝尔纳.科学的社会功能[M].陈体芳译.桂林：广西师范大学出版社，2003：483.

　　为什么科学本质是社会性呢？贝尔纳认为科学有五种形相。大家比较熟悉的是作为"知识传统"和"一种方法"的科学形相。乍一看知识传统与科学方法怎么会和科学的社会性联系到一起呢？下面分别加以讨论。科学是一种累积的知识传统，这个论断本来就是运用历史的观点来讨论科学，事实也说明必须这样做才能够真正地理解科学。关于知识和科学之间关系的争论至今没有一个定论，甚至什么是知识，什么是科学都不能区分。一边是科学，一边是知识，这是西方人的传统。科学是流动的，知识应该是沉积的。所以贝尔纳认为科学是不断在增长的知识集合体，并强调科学是由一大批思想家和工作者前后相续的反映和观念来逐层建构的，尤其是他们的经验和行为。其实，在我们今天看来科学显然存在着时间的延续性，而科学在发展的过程中相应地沿袭一种传统。在贝尔纳的文章中并没有明确说明这是什么样的传统，只是在不同门类的科学都是在传承的基础上相继发展。譬如说电学或者说原子物理学，它们都是在前人的发现的基础之上才有可能又有新的发现。如果说没有前人的发现，后人也就不会有今天的成果。当然若仅仅如此理解，也无什么新意。可是如果认为知识的积累性恰恰表明了科学的历史传承性，正是由于社会加给它的统一性，才有可能把科学看作是人类一直合作的努力，来了解并从而控制人们自己所处的环境。由是观之，科学的社会性也就凸显出来。

　　关于科学方法的社会性，贝尔纳认为虽然是"到了现代，我们才开始明白如何运用科学方法于社会问题方面"，但是毕竟"科学方法不是呆物，它是一个不断生长的过程。"[1]贝尔纳甚至认为在科学研

---

[1]　［英］J.D.贝尔纳.历史上的科学[M].伍况甫等译.北京：科学出版社，1981：10.

究的每一个环节都充满着人的社会性元素，在科学史上，凡要发现新事物，就必须先具备一个目标，这个目标必须非常实用。也就是说科学研究时人们很难彻底地摆脱情感的或者是主观的因素，也往往在如此之行为中使科学不自觉地附加了人的因素，这当然也就符合科学是一种建制的要求。科学作为一种有组织的社会活动同样体现在科学方法的其他方面，贝尔纳指出在科学分类和科学度量以及科学仪器中都有这样的因素。

可见，贝尔纳在对科学的研究中的最大贡献就在于指出了科学的社会形相，即科学是一种人类的社会实践活动。"一种建制""一种维持或发展生产的主要因素"表现出科学的社会性，即使是科学知识和科学方法也必然反映出当时非科学的一般知识背景，受到社会的、政治的、宗教的或哲学的观念的影响，反过来又为这些观念的变革提供推动力。由此开始了他的科学的社会研究。

受马克思主义的影响，贝尔纳在他的著作中指出科学的本质不只是自然性，他将社会的学术研究归并到科学范畴，同时也指出科学本质的社会性。科学是要将自然规律客观地展示在人们面前，这就是说科学应有自然属性，但自然属性是不是科学仅有的属性，是值得人们深思的问题。人们知道，对自然的认识呈多面性，而作为认识的成果的科学所具有的性质也一定不能够简单地归结，它应具有不同的维度。他认为科学是一种组织活动，一种建制，这本身就是科学的社会性的表述。

近年来，科学活动论的观点也逐渐被人们接受。即把科学看作是一项重要的人类活动：首先，科学表现为一种社会建制，从事新知识生产的科学工作者被组织起来，服从一定的社会规范，为达到预定的目的而使用种种物质手段和周密的方法；其次，科学是人类特定的社会活动的成果，表现为发展着的知识系统，是借助相应的认识手段和方式生产出来的，构成当代观念和文化的重要方面；最后，科学活动是整个社会活动的一部分，它与经济、文化、社会活动相互作用，现代科学活动与生产活动有着密切关系，科学活动是生产活动的准备和手段，由于知识并入生产过程，知识转化为直接生产力。这几点几乎对应于贝尔纳在几十年前关于科学形相的描述，说明贝尔纳关于科学本质社会性的认识具有开创性地为现代关于科学的观念奠定了基础。

贝尔纳还通过科学的阶级性来论证科学的社会性。对于科学的阶级性，有两种不同的理解维度。首先是如贝尔纳所说的："在阶级社会中科学应该带有明显的阶级性，因为阶级利益的种种冲突一再阻拦了科学进展。科学想要发展就必须摆脱阶级性的束缚，冲破重重阻力甚至是压制，这样的科学才是真正的科学、客观的科学。"人们知道，在西方社会里，宗教一直是阻碍科学发展的一大障碍，宗教利益集团为了维护他们自身的利益，不断的压制科学的发展，迫害为科学事业而奋斗的科学家们，从哥白尼到伽利略，再到被烧死在罗马广场的布鲁诺，在他们的一生中以及他们的科学成果之中，无不反映了科学和宗教斗争的历史。当然，在这期间宗教也已经失去了它原有的目的和意义，成了某些利益集团的代言，它是一定阶级的一种特定的存在形式。"这些半宗教性的途径是一种渗透到科学本身的基层构造里去，并且顽强地牵引科学离开真实世界的手段。"[1]

---

[1] ［英］J.D.贝尔纳.历史上的科学[M].伍况甫等译.北京：科学出版社，1981：549.

当然科学发展到了 20 世纪，它已经确立了在人类社会中的地位，人们对待科学的态度已经从几百年前的敌视和不理解转变成友好和欣赏。就是在这样的情况下科学的阶级性也不能够被排除，也正如贝尔纳所说，"即使在进步的 19 世纪，由于不能得到预期的利润，令短视的和困守传统的资本家们，迟迟不去从事于一些在技术上早已有可能的新企业。"[1]

其次，科学的阶级性从科学自身来理解，也就是说科学自身有没有阶级性的问题。这将会涉及科学理性和价值理性的问题，而对科学理性和价值理性的探讨，首先必须回答科学是否价值中立的问题，对这个问题的不同回答，必定会触及科学与社会的关系，又将会进一步深入到科学的阶级性问题上。科学除了具有工具性之外，科学也并非价值中立，科学的价值非中立性也就体现了科学的社会性，因为这里的价值非中立性是带有人的意志的，毕竟科学是由人类自己来完成的。贝尔纳对待科学的立场很难用一个非常明确的话语来表达，如果说贝尔纳是持有价值中立说的，他又在文章中多次表明科学的阶级属性。贝尔纳在他的著作中对待科学有着明确的阶级立场，它的观点大多是在对资产阶级的批判上阐述的。如果说他是持有科学的非价值中立说，他又特别强调科学的客观性，因为贝尔纳研究科学的科学，或者说他的科学学的目的是为科学而辩护。科学价值中立抑或非中立是贝尔纳科学价值观的疑难，关于这一点后面还会涉及。

[1] [英] J.D. 贝尔纳. 历史上的科学 [M]. 伍况甫等译. 北京：科学出版社，1981：694.549.

2. 开创宏观的社会研究传统

在对贝尔纳科学学思想的研究的过程中，始终有这样一个假定，是否能够认为是贝尔纳开创了宏观的科学社会学研究范式，也就是说贝尔纳是不是这一研究传统的第一人，是科学学的开创者。如果说是，那么并不是贝尔纳第一个提出科学学这一概念，也不是贝尔纳首先提出将科学与社会、经济结合起来研究的；如果说不是，那么贝尔纳科学学思想的认识论、方法论源头在哪里？而且为什么贝尔纳的科学学思想会在西方社会产生如此巨大的影响？贝尔纳在科学的社会研究方面独特的贡献是什么？

贝尔纳在科学史上的成就在于他比黑森前进了一步。黑森只是将牛顿的物理学放在牛顿所生活的历史背景下，也只说明了牛顿所生活的那个时代的社会经济状况对牛顿的物理学的产生有着至关重要的作用。属于科学社会史的研究。可是，这样的分析却意犹未尽，他虽然给科学家、科学史学家带来了新的思路，但最终这样的思路只不过是一种启发性的。如何真正解决现实中出现的问题，真正化解当代科学技术发展面临的现实问题，解决科学发展与战争对人类的伤害之间的尴尬处境，对于科学与社会经济发展之间的关系的研究还需要另外一种表述。这种表述同样也需要一定的精确性、现实性和可操作性，而对科学分析的这种诉求，也正是以贝尔纳为代表的科学家们提出科学学的初衷和出发点。

贝尔纳最伟大的贡献或者说历史意义就是开创了不同于默顿的广义的科学社会研究传统，宏观多维透视科学与社会，关注科学的社会实践。贝尔纳科学学思想要旨最简洁的表述就是科学社会化、社会科学化，也就是关注科学的社会实践。贝尔纳于 1939 年出版的《科学的社会功能》研究的主题正是科学的社会实践。在这本书中开创了科学的社会研究的宏观传统，对科学的社会实践展开全方位的研究。《科学的社会功能》的副标题是"科学是什么？科学能干什么？""科学是什么？"是对科学的反身性研究。"科学能干什么？"是对科学的社会影响、科学的社会功能以及如何引导科学的社会实践使其造福于人的回应。可见，贝尔纳史无前例地以最简约的方式抓住了作为实践的科学与社会互动关系的本质，即科学的发展要受到社会的制约，社会的发展也受到科学的推动。用吕乃基教授的话说就是："知识的社会建构，反过来说，就是社会的知识建构。社会正是在建构知识的同时建构了自身。"[1]

贝尔纳宏观的科学社会研究的立足点正是科学本质的社会性，把科学放于社会、历史当中，了解科学的历史才能预知科学的未来，在时空穿梭中研究科学与社会互动正是贝尔纳科学学的主要内容。正如《科学的科学》一书的序言中的戈德史密斯和马凯对《科学的社会功能》的评价一样，贝尔纳所做的是先行工程，它为"科学学"奠定了学科研究的基础。科兰布斯曾说："我们都是在充满了不祥之兆的 1939 年读到了这部著作的。对我们来说，这一巨著是一部启示录。他以自己的卓识远见给我们搭起了一座通向未来的大桥。"[2]

关注科学的社会功能、关注历史上的科学、展开科学的反身性研究正是贝尔纳科学学的核心。贝尔纳的科学学给科学家、政府工作人员以及普通人民展开了宏观的科学的社会研究传统，标志着一种研究

---

[1] 吕乃基. 三个世界的关系 [J]. 哲学研究，2008(5).

[2] ［英］J. D. 贝尔纳. 科学与社会 [M]. 北京：三联书店出版社，1956：96.

科学新视域的诞生。贝尔纳创新研究科学的方法论，把科学放于产生
它的时代和社会背景之中，探讨科学的社会实践，从科学家自身的社
会性探讨科学家应负的社会责任，从科学技术发展的基础探讨科学的
规划与科学的政策制定等。

第二章
为科学辩护：贝尔纳科学学思想的现实根据

世界大战的爆发使人们无法理解号称为人类谋福利的科学与技术怎么变成了杀人的工具，甚至有人怀疑科学存在的价值。贝尔纳勇敢地面对对科学的质疑，他认为科学之所以成为现代战争的帮凶，是非理性的科学社会实践的结果。应该转向科学的社会实践，把科学放于社会之中才可能制约科学，使之造福于人类。为科学辩护正是科学社会实践转向的现实根据。

一、科学应用于战争：非理性的社会实践

科学几乎是现代战争制胜的法宝，国家的一切工业科研都可能是潜在的军事科研。科学就如此这般地与战争结伴了。反思战争中科学的非理性应用正是贝尔纳的科学学思想的出发点。

1. 科学成为现代战争的帮凶

第一次世界大战之前，虽然有个别目光远大的科学家明白自己的工作可能给人类带来危险，不过大多数人却一厢情愿地认为，科学已经使战争变得如此恐怖，应该没有哪个国家想从事战争了，并以此自慰。然而，战争还是爆发了，而且升级为世界大战。

在战争期间，科学家们发现自己成为各自政府不可或缺的人物。因为此时的战争不仅需要步枪和大炮之类的装备，还需要机关枪、坦克和飞机。空中战争和化学战争是世界大战期间科学事业的两项"福音"。不过在战争条件下进行的科研浪费非常惊人，往往要在物资和准备工作都不充分的情况下，在短短的几星期之内设计出新方法并投入生产，这自然造成物资的极度浪费和生命的重大损失。例如，"协约国为了应付德国人制造的毒气，不顾化学家和工人的死亡或伤残，加紧发展毒气生产。"[1] 同样，飞机制造在战争期间是有了长足的进步，然而在物资和生命方面却付出了重大代价。很显然在战争的刺激下科研成果付诸应用的速度比和平时期快好几倍。

当然，制造这些武器所必需的资本支出要比以前任何战争都多得多。"在英国，政府每年耗于军事研究的金额，比其他类型的研究费用总和的一半还多，而且不少其他类型的研究也具有直接或间接的军事价值。具体来说，单是用于研究毒品的金额就几乎等于政府用于医学研究的全部拨款。在几乎所有国家里，科学家们被征召为军事工业工作，而且被归入在战争到来时从事各种军事工作的人

[1] ［英］J.D.贝尔纳.科学的社会功能［M］.陈体芳译.桂林：广西师范大学出版社，2003：205.

员之列。"[1]

不仅如此，由于科学几乎是现代战争制胜的法宝，因此在一切国家里，政府都把科学看作是军事附属物，在某些国家中，军事甚至变成了科学的唯一职能。而且加强本国工业、提高其生产方法及其经济效果的一切办法都会增强一个国家的军事力量。从这个角度来说，国家的一切工业科研都是潜在的军事科研。科学就如此这般神奇而又无可奈何地与战争结伴了。

基于以上事实，人们往往会产生这样一种想法，即战争促进了科学的发展。因为和平时期"科学的进步并不是受到内在因素的限制，而是受到外在的经济和政治因素的限制"。[2] 而在战争中军事需求成了科学的"唯一职能"，"一切的科研实际上都要为作战目的服务"。同时，"只有战争才能使各国政府痛感到科学研究在现代经济中的极大重要性，英国通过成立科学和工业研究部而公开承认这一点。"[3] 但是，贝尔纳很清楚，现代战争已经不同于以往，"伴随而来的饥荒、露宿、疾病和沮丧的情绪，会像一切突如其来的灾难一样彻底毁灭文明。"[4] 当然如此毁灭性的破坏其主要因素是现代科学在战争中的应用，科学家为了保护自己和同胞，竟要花费时间和智慧设法防止要不是因为有了科学本来根本不存在的危险。因此，要想避免战争给人类带来的苦

[1] ［英］J.D. 贝尔纳．科学的社会功能 [M].陈体芳译．桂林：广西师范大学出版社，2003：195.

[2] ［英］J.D. 贝尔纳．科学的社会功能 [M].陈体芳译．桂林：广西师范大学出版社，2003：205.

[3] ［英］J.D. 贝尔纳．科学的社会功能 [M].陈体芳译．桂林：广西师范大学出版社，2003：206.

[4] ［英］J.D. 贝尔纳．科学的社会功能 [M].陈体芳译．桂林：广西师范大学出版社，2003：223.

难和伤痛，正确的做法是要阻止将科学应用于战争。

2. 科学的价值受到质疑

越来越多在世界大战中受难的人们明白了自己的苦难在很大程度上是科学的发展所直接造成的，科学不但不能有益于人类，反而由于其在战争中的应用被证明是人类最凶恶的敌人。科学的价值受到了怀疑，科学家也开始注意到这种呼声。可以说，战争与和平的问题比任何其他问题更能促使科学家们把视线转移到自己的研究和发明工作范围以外，并注意到这些发明是怎样应用于社会的。

有些科学家对挽救人性感到完全绝望而放弃科学事业。另外一些科学家则更加潜心从事实际科学工作，根本不去考虑它对社会所产生的一切后果，因为他们已经事先知道这些后果可能是有害的。贝尔纳采取的是积极的态度，他既无法放弃自己醉心的科学事业，也不能做到对科学应用于战争带来的后果熟视无睹。贝尔纳在他的科学学奠基性著作《科学的社会功能》序言中说到："人们过去总是认为科学研究的成果会导致生活条件的不断改善。先是世界大战，接着是经济危机，都说明了把科学用于破坏和浪费的目的也同样是很容易的……"[1]因此"人们不仅反对科学的具体成果，而且对科学思想本身的价值也表示怀疑。19 世纪末叶，由于社会制度面临危机，反知识主义开始抬头了……"[2]英国促进科学协会甚至提出来要禁止科学研究，或者至少

---

[1] ［英］J. D. 贝尔纳. 科学的社会功能 [M]. 陈体芳译. 桂林：广西师范大学出版社，2003：1.

[2] ［英］J. D. 贝尔纳. 科学的社会功能 [M]. 陈体芳译. 桂林：广西师范大学出版社，2003：5.

要禁止把科学的新发现加以应用。里彭主教在 1927 年向英国促进科学协会讲道时说："我甚至甘冒被听众中某些人处以私刑的危险，也要提出这样的意见：如果把全部物理学和化学实验室都关闭十年，同时把人们用在这方面的心血和才智转用于恢复已经失传的和平相处的艺术和寻找使人类生活过得去的方法的话，科学界以外的人们的幸福也不一定会因此而减少……"[1]"如同古代道德学解决不了人人有道德的问题一样，现代物质科学在事实上也解决不了普遍富裕和幸福的问题。战争、金融混乱……比历史上的任何战争都更可怕的未来战争的威胁……无怪乎科学家们自己也越来越不相信科学发展本身会自然而然地使世界变好。"[2]

"停止科学研究被认为是保全一种过得去的文明的唯一手段。面对这些批评，科学家们自己也不得不开始第一次卓有成效地考虑他们所做的工作同周围的社会和经济现象有何种关系。"[3]贝尔纳就是勇敢的面对对科学质疑的科学家。他认为科学成为现代战争的帮凶，是科学非理性应用的结果。应该转向科学的社会实践，把科学放于社会之中才可能制约科学，使之造福于人类。

今天谈起科学的作用已经没有人会怀疑它的巨大力量，现代西方科学技术几乎渗透到人类社会的每一个角落。人类社会在西方科学技术的驱使下已经发生和继续发生着日新月异的变化。可是面对

[1]［英］J.D. 贝尔纳.科学的社会功能 [M].陈体芳译.桂林：广西师范大学出版社，2003：5.
[2]［英］J.D. 贝尔纳.科学的社会功能 [M].陈体芳译.桂林：广西师范大学出版社，2003：11.
[3]［英］J.D. 贝尔纳.科学的社会功能 [M].陈体芳译.桂林：广西师范大学出版社，2003：1.

着如此巨大的变化人们不免有些许悲观，因为一方面随着科学的发展和它在现实中的应用，科学的负面效应日渐显现。在相当的程度上它同时也彰显了人类自身的弱点，在一些贪婪者的手中科学不过是他们攫取财富的工具，更不幸的是随之而来的地球母亲痛苦的呻吟，这样的痛苦当然要人类跟着一起承受。另一方面需要科学改善人类生存，使人类从饥饿苦难中摆脱出来的初衷，在西方科学高度发达的今天依然未能完全实现，面对着饥饿、瘟疫等的威胁西方科学依然束手无策。

人们需要理智地看待西方科学，就像贝尔纳在他的那个年代理智地看待科学一样。但是贝尔纳的心情和今天的人们大不相同。对于贝尔纳，一方面是科学在战争中的应用给人类社会带来了巨大的人为灾难，数以万计的人在战争中失去了生命，科学在其中扮演着帮凶的角色，人们对科学的怀疑也随之而来。贝尔纳甚至有些怀疑，科学的用途到底何在，他甚至断言科学现在肯定不是直接用于造福人类的。另一方面科学还要继续前行，这不仅需要科学家鼓足勇气，在不断地探索科学的道路上充满信心，还需要普通民众对科学的发展给予理解和同情。因此就需要将科学在现实生活中应用的状况明白无误地展示在人们面前，不过在展示的过程中贝尔纳表露出更多的是对科学的乐观，除了战争的创伤以外没有涉及其他方面。关于这一点将在后面的章节中加以详细阐述。

3. 反思战争中的科学

今天，人们知道科学是一把双刃剑，科学造福于人类的同时也给人类带来了危害。随着科学技术的发展，以及战争中科学的非理性应用，科学的危害越来越被彰显出来，甚至从一定意义上讲已经危及人类的生存。在科学主宰的世界中，人类深深地陷入了自己所设下的困境之中。

贝尔纳的一生经历了两次世界大战，目睹战争对人类的伤害。"在他的童年和青年时代，他的故乡爱尔兰和英国之间不断地战争以及发生在欧洲的第一次世界大战，使曾和他在一起度过美好时光的亲友丧失了生命。"[1] 贝尔纳生于其中，他一定理解在战争中人们痛苦的感受，特别是在战争中失去了亲人的无辜人们的感受。令人们费解的是号称为人类谋福利的科学与技术怎么变成了杀人的工具，人们开始对科学产生怀疑。怀疑它的存在，怀疑它的价值。曾几何时，人们向往蓝天，羡慕鸟儿，企望有一天能够像鸟儿一样自由自在地飞翔在蓝天上。于是人们开始思考，开始动手制造，发挥着人类的智慧。可是当飞机这个人类自己创造的"鸟儿"能够在蓝天翱翔的时候，人们几乎同时发现制造飞机的技术，同样可以被用来制造杀害众多无辜生命的武器。这样的事情就发生在第一次世界大战。"在第一次世界大战中受难的千百万人，明白了自己的苦难在很大程度上是科学所直接造成的，科学不但不能有益于人类，反而在实际上证明是人类最凶恶的敌人。"[2]

贝尔纳的科学学思想的出发点就是反思战争中科学的非理性应用，是战争引起了他的思考。战争引发的人们认识上的偏激，使科学

---

[1] Andrew Brown. J. D. Bernal: The Sage of Science, OxfordUniversity Press, 2005：89.

[2] ［英］J. D. 贝尔纳. 科学的社会功能 [M].陈体芳译. 桂林：广西师范大学出版社，2003：223.

陷入了一种非常尴尬的境地，一方面人们对科学产生质疑，另一方面却需要科学的发展。可是，究竟是什么促使科学变得如此无情，用来充当残害生命的工具？又是什么让战争频频爆发，变得几乎是顺理成章？痛定思痛，科学真的一无是处？贝尔纳不相信，许多善良的人们也不相信。科学不应该成为残害生灵的屠刀，科学应该有它绚烂温情的一面，科学也应该有它灿烂夺目的明天。所以对科学的反思成为科学是否有未来的必由之路，科学的科学即科学学也就应运而生。

对于战争的思考，贝尔纳在二战前和二战后有着明显的不同。1939 年出版的《科学的社会功能》中曾专门从科学发展史的角度论述科学的发展与战争之间的关系，贝尔纳的观点非常值得当代人思考。科学史表明，力学是西方科学一个重要的组成部分，力学的发展对于西方自然科学有着不可磨灭的贡献。然而力学在其发展中却和战争之间有着人们不愿叙述的渊源。实际上，除了 19 世纪的某一段时间，我们可以公正地说，大部分重要的技术和科学进展是海陆军的需要所直接促成的。伽利略对力学的贡献是产生牛顿力学体系的基础，然而对于力学中涉及抛物线的研究应该和大炮的研制是分不开的，贝尔纳直接指出包括列奥纳多·达·芬奇和伽利略在内的众多科学家都曾经或多或少的参加或参与过军事事务。望远镜几乎是天文学发展必需的技术手段，可是当伽利略发明望远镜的时候首先想到的却是用于战争。"我制成了一只望远镜。这是一切海路作战所必不可少的东西，是一件无价之宝。……通过辨识敌船只数及其质量对其力量做出判断，就可以决定究竟是出击、迎战还是退避……即使在旷野也可以明察地方的一切调动和准备，对我们尤其有很大好处。此外，它还有一切别的人都会清楚注意到的许多其他用途。我认为它值得尊贵的殿下予以接受并作为有用的东西加以重视，所以才下决心把它献给您，并请您对这一项发明做出决定——由您斟酌决定是否加以制造。"[1] 这是伽利略写给当时威尼斯总督信中的一段话，信中的表述已道出了作为望远镜发明者内心的真实想法，科学发明不过是为了战争优胜一筹，不过是为了打败对方而增添的一种先进的手段。所以，在对于西方科学的反思中，经常会出现这样的想法，是否西方科学自从诞生之时就有某种价值，而不是有些人所一厢情愿的价值中立。这是贝尔纳在写《科学的社会功能》前后所持有的观点。他甚至认为在对待科学的军事研究中科学家的无奈表现是由于科学家没有组织，所以才不能够彻底的抵制军事科研工作。

第二次世界大战之后的著作，在对待战争问题上，贝尔纳转向了对帝国主义的批判。从现实来看，科学用于军事研究并没有因为世界战争的结束而停止它进一步前行的脚步，相反在资本主义世界有着变本加厉的趋向。贝尔纳认为这和资本主义的内在矛盾是分不开的，造成资本主义经济危机的一个根本原因是"生产力的长足发展和全世界（特别是殖民地和半殖民地国家）工人阶级贫困之间的矛盾"。[2] 那些发动战争或者为战争而积极准备着的帝国主义国家的主要原因是找不到一个既能发挥生产能力又能获利的销售市场。

经济上的原因与资本主义的内在矛盾使对外扩张成了必然，如贝尔纳所指出的那样，即使在非战争时期对于军事扩张，或者说军

[1] ［英］J.D. 贝尔纳. 科学的社会功能 [M]. 陈体芳译. 桂林：广西师范大学出版社，2003：199.

[2] ［英］J.D. 贝尔纳. 科学的社会功能 [M]. 陈体芳译. 桂林：广西师范大学出版社，2003：141.

事上的科学研究在帝国主义世界一直如火如荼地进行着。这体现在国家政策的制定上，资本主义的发展是依赖经济资源的外部获得和向外无止境地扩张，同时在危机到来时又无情地将危机转嫁于他国。以此为思路制定的政策必将威胁着别的国家人民的利益，这将给世界和平带来不安定的因素，使人们时刻处于战争的威胁之中。甚至科学家也往往受到影响，"因为现在的趋势使科学被歪曲和限制，使它用于军事目标，用于辩护一个略加改头换面的资本主义制度无可救药的缺陷上面"。[1]

贝尔纳认为，科学在战争中或者为战争而准备着的科学的发展，对于科学本身有着不言而喻的影响。首先，集中军事研究往往会忽视科学在经济和其他生活方面的研究。典型的例子就是原子弹的研制和应用。现代科学的发展促成了原子弹的研制成功，成功遏制战争进一步恶化的手段竟然是对无辜平民的大规模屠杀（核战争）。这必然会挫伤人们对于科学的信心，影响科学自身的形象，增加了人们对于科学的不信任度。其次，科学大规模应用于军事研究，也必将给原本公开透明的科学研究带来不便，科学信息在众多军事借口中不能公开，科学发展也因此受到影响。同时科学的军事应用，随着战争的阴影越来越远，用于军事上的大量科学研究费用也越来越成为经济发展的负担。因为军事研究一方面会占用大量的资金，另一方面也使一大批科学家限于军事研究而不能从事其他方面的工作，这两个方面都会对科学的长远发展产生极端不利的影响。

贝尔纳对于战争和科学之间关系的分析，虽然在他的思想历程中

[1] ［英］J.D. 贝尔纳. 科学的社会功能 [M]. 陈体芳译. 桂林：广西师范大学出版社，2003：142.

不断发生着变化，但是他对于科学在战争中的非理性的应用一直持怀疑和批判的态度。他认为科学决不应该为战争服务，科学应该有更为广阔的应用空间，可以应用到经济生活当中，可以应用于改善人们的生活。科学不应该成为屠害生灵的工具和手段，科学应该为人类服务，当然这种服务应该是积极的而非消极的。

二、科学遭遇质疑：转向科学的社会实践

面对战争中科学的非理性应用，贝尔纳采取的是积极的态度，勇敢面对对科学的质疑，转向科学的社会实践，寻找科学存在的理由，批判为科学而科学的理想主义科学观，认为通过理性规范科学的发展，科学可以全方位地为人类服务。

1. 寻找科学存在的理由

贝尔纳勇敢地面对对科学的质疑。他说："现在，科学既然兼起建设和破坏的作用，我们就不能不对它的社会功能进行考察，因为它本身的生存权利正遇到挑战。……科学必须首先接受审查，然后才能够为自己洗刷掉这些罪名。"[1] 正如他所说："我对于缺乏效率，摧残科学事业和把科学研究用于卑鄙目的感到愤慨。正是由于这个原因，我才来研究科学和社会的关系，并尝试写作这本书（《科学的社会功能》）。"[2]

---

[1]［英］J.D. 贝尔纳. 科学的社会功能 [M]. 陈体芳译. 桂林：广西师范大学出版社，2003：4.

[2]［英］J.D. 贝尔纳. 科学的社会功能 [M]. 陈体芳译. 桂林：广西师范大学出版社，2003：3.

科学技术的进步赋予社会强大的认识和改造自然的能力，同样科技的能量也可以带来巨大的灾难。这就引发对于科学的选择问题，什么样的科学是人类所需要的，什么样的科学是应该被摒弃的，这一定也是贝尔纳需要思考的。作为科学家的贝尔纳在科学学里对科学的反思并不想要全盘地否定科学，事实也是如此，因为贝尔纳认为科学可以造福于人类，科学在战争中的应用是完全可以转为民用的。

贝尔纳研究科学与社会的关系的出发点就是面对对科学的质疑，把科学看作社会建制，并把这种建制放入社会之中，对这种关系进行分析，探讨科学家个人或科学家集体对这一状况应负的责任，并且提出一些可行的解决办法，以便让人们看到科学是可以用于有益的目的的，科学是可以造福于人类的。

反复翻阅贝尔纳的著作，可以感觉到贝尔纳对待科学的应用前期和后期的态度是有所不同的。在他写《科学的社会功能》的时候，虽然那时科学的发展遭到了一些人的质疑，但是贝尔纳依然不愿意相信科学真的存在消极的一面，认为那仅仅是由于认识上的不足而已。那是"由于人们没有认识到科学中人道的和富有诗意的因素与人们完全不能设想同今天的生活方式大不相同的生活方式"。[1] 相反，贝尔纳还讥笑那些反对科学的发展和应用的人浅薄，因为他们没有看到科学可以用来管理这个人类生活于其中的世界，饥饿、疾病甚至自然灾害都是可以被人类所征服的。

然而在贝尔纳的《历史上的科学》谈到物理科学的利用时，他的感情似乎发生了微妙的变化。因为那时第二次世界大战已经结束，

[1] ［英］J.D. 贝尔纳. 科学的社会功能 [M]. 陈体芳译. 桂林：广西师范大学出版社，2003：443.

对于一个曾经将大部分精力投身于和平事业的人来说，原子弹在战争中的运用，残害数以万计无辜生命的事件，不可能不对贝尔纳产生某种触动。同样，贝尔纳也应该很清楚原子弹的发明和应用与现代物理学的发展是不可分的。虽然他依然相信只要是为了造福人类，科学的进展方向在短时期内是比较容易预见的。但是他对物理学本身信念的坚定程度已远不如从前，从他的表述中就可以体会出贝尔纳复杂的心情。贝尔纳认为："如果一次原子的世界战争得以避免——如果不能则物理学的将来就几乎不值得写了——则今后的若干年，在完成科学和技术进展方面，以及在改进一般生活标准方面，应该表明社会主义制度和资本主义制度的对比价值。"[1] 贝尔纳将类似于这样的，人类自己给自己造成的灾难归咎于资本主义制度，他同所有持科学技术价值中立的人们一样相信，科学同这样的灾难之间的关系只不过是科学与政治之间关系的延伸，是由于资本主义制度下人的欲望一次次扩张所造成的。所发生的一切，是在发展和运用科学中受到经济的限制和军事需要的作梗或歪曲。这些可以从社会主义国家成功的经验中得到反证，而社会主义国家的成功归结于能最好地利用和发展科学的制度。

当然，仅仅这一点还不足已成为贝尔纳建立科学学的全部缘由，但是它确实给贝尔纳科学学带来了启发。科学必须拥有正面存在的理由，因此贝尔纳指出科学最重要的是可以满足人类的需求，也只有科学才能使人类需求的实现成为可能。

---

[1] ［英］J.D.贝尔纳.历史上的科学[M].伍况甫等译.北京：科学出版社，1981：454.

2. 批判理想主义科学观

在认识论主导的西方科学哲学传统中，理想主义科学观盛行。理想主义科学观认为，科学仅仅与发展真理和关照真理有关，其功能在于建立一种与经验事实相吻合的世界图景。持这种观点的人不承认科学有任何实用的社会功能，或者至多认为科学的社会功能是一个比较次要的和从属的功能。他们认为"学以致知"，科学就是为认识而认识的纯认识，即科学本身就是目的。这种科学观在古典时代是一种支配地位的观点，在科学史上起过一定作用。比如柏拉图就认为学术工作是对至善的本质形态的关照。对于人类所生活的自然界，人类并不像其他动物一样消极的面对，因为人类有着自己的智慧，除此之外面对陌生的世界人类还有几许好奇，所以如何认识自然界被人类自己看作是一种无上光荣的行为。因此为科学而科学成为一种非常盛行的观点，在持这样观点的人看来科学本身就是目的。

贝尔纳认为这种科学观至少有两种取向，一是科学将不可避免地被当成一种宗教来对待，科学成了寻找宇宙和生命的起源以及死亡和灵魂永存原因的答案的手段，现代科学俨然变成了古代宗教的同盟军，再加上那种把科学当作科学本身的目的的虚假的认识论，使科学成了宗教的变种。正如贝尔纳引用怀特海和霍尔丹等人的观点："一门新的、科学的神秘宗教正在建立起来，事实是这样的科学宗教是利用科学的不断进步创造出来的。"另一种取向是将科学演绎成一定社会阶层的特有的文化，它否认了科学的一般文化意义，当代科学知识也和当代文学知识一样成为上流社会不可缺少的象征，科学成为单纯的智力活动，同客观宇宙有关，而不涉及数学和伦理的更纯粹的观念。贝尔纳认为在理想主义科学观下，人们不承认科学有任何实用的社会功能，究其根本是因为人们仅仅把科学作为一种思维活动，或者说科学是为认识而认识的纯认识。如果说科学只是单纯的智力活动，这种智力活动只是一些纯粹的观念，在这些观念之中根本无法容纳人类的存在，确切地说，这些观念并没有将科学看成是与人类实践有关的科学。科学家连同他们的科学成果一起远离人间，远离社会，于是"成为小孩，而后成为白痴"。因为"生活比梵文或化学或经济学难得多。"[1]在这里追求真理就是科学的目的。理想主义科学观根本不可能涉及终极关怀。

通过对理想主义科学观的批判，贝尔纳认为支撑它的那些观点是站不住脚的，不管它们在论述上多么诱人，但本质上却是自相矛盾的。比如说，他们认为科学可以用来找出答案，以便回答人们提出的最深刻的问题。例如，关于生命起源、死亡和灵魂永存的原因等方面最难以回答的问题。但是"把科学用于这一目的是自相矛盾的，因为这样做就是把科学所'无法'知道的事物，而不是把科学确定的真理当作有关宇宙种种论断的根据。"[2] 既然科学无法说明宇宙如何形成，想必宇宙是由智慧的造物主所创造的。由此，科学反而证明了造物主的存在，成为宗教的同盟军。与科学用来说明宇宙显然形成了不可言状的矛盾，用化学来表述生命的起源与化学并不能合成生命也显然成了一

[1]　[英] J. D. 贝尔纳. 科学的社会功能 [M]. 陈体芳译. 桂林：广西师范大学出版社，2003：153-154.

[2]　[英] J. D. 贝尔纳. 科学的社会功能 [M]. 陈体芳译. 桂林：广西师范大学出版社，2003：8.

种对于如此理解科学的讥笑。贝尔纳认为，如果科学的功能只是为了观照宇宙而去观照宇宙，"那么我们今天所说的科学根本就不会存在了"，因为事实上，"促使人们去作科学发现的动力和这些发现所依赖的手段，便是人们对物质的需求和物质工具。"[1]

通过对理想主义科学观的批判，贝尔纳主要的目的是指向他自己的论点，即科学的社会实践对于社会的重要性。当科学成为现代战争的帮凶，只有回到社会实践中，寻找科学存在的理由。不论是理想主义科学观，还是给科学加上一层功利色彩的现实主义科学观，都把科学与社会关系的问题忽略了，未能认识到科学在社会中的作用，也没有认识到科学对于社会的功能，更不可能面对对科学的质疑。

3. 追问科学的使命

毋庸置疑，科学的使命是由科学家来完成的，不论是专业的还是业余的科学家对待科学的态度对科学的发展都有着非同一般的影响。贝尔纳分析作为一种职业科学的目的可分为三类，即心理的、理性的和社会的。心理的是指科学家往往将科学的发现用来满足他们自身的好奇心。对于理性目的，贝尔纳说这样的科学行为是企图发现外面世界并对它有全面的了解，这当然和纯粹的好奇心有所不同，它中间已经渗透了许多人类的理智，但是这并不能够成为科学有必要向前发展的完整理由。科学还应该有可以用来解决人类福利问题的社会目的，然而虽然科学发展到目前的规模，并不说明天生有好奇心的人的数目自发地有所增加，而只是说明人们认识到科学

---

[1]［英］J.D.贝尔纳.科学的社会功能[M].陈体芳译.桂林：广西师范大学出版社，2003：9.

可以给科学事业的资助者带来多少价值，并不说明心理上预先存在的天生好奇心就是用于这一目的的。科学利用好奇心，它需要好奇心，可是好奇心却不是科学。

科学究竟是为了什么？在这个问题上，对西方影响深远的希腊知识传统与中国学术传统存在很大的区别。吴国盛认为："就学问目标来讲，希腊学术追求变动不居的世界背后的确定性知识，而中国学术追求生生不息的动态生活之中的实践智慧。"[1] 希腊学术有很强的知识论传统，中国学问是知情意合一、天人合一的。整个西方科学围绕理性而展开，整个西方科学哲学的发展史就是对理性的说明与修正的历史。当然这里会产生一个问题，就是"理性"是人的理性，还是"理性"先验于人的思维而存在。自古希腊开始，西方人就相信在变动不居的世界背后存在着一种永恒的东西，毕达哥拉斯说它是数，赫拉克里特认为是"逻格斯"，也有的人讲是"存在"或者是一种感性的存在，到了柏拉图它变成了一种理念。当然这和宗教有着本质的区别，尽管它和宗教有着千丝万缕的联系。然而，科学发展也是认识论的发展，它必然涉及人的存在，因为它是人的认识，所以科学将与经验一起存在。其实，西方科学哲学的发展一直是先验和经验的相互交织。

不管是相信理性是人的理性，还是理性先验于人的思维而存在，作为科学它一定是将自然界作为认识的对象。事实上，整个西方科学也以自然为蓝本，科学家才能展开想象的翅膀，在科学的天空翱翔。可是，西方哲学却不能不让人对这样的情形产生怀疑，比如，逻辑实证主义虽然可以称得上是对实证主义的逻辑修补，但究其实质，逻辑

---

[1]　吴国盛.科学二十讲[M].天津：天津人民出版社，2008：2.

实证主义最终还是回到了所谓理性主义的旧路上，他们相信可以从人类的语言中最后寻找到存在于人类思维之中的永恒事物，这几乎在说科学是人类自己的原先准备好的，科学的对象已经不再是自然或者说自然万物而是人类自己。这里讨论西方科学的对象并不只是为了批判西方哲学存在的问题，由于本书的主题是贝尔纳的科学学思想研究，所以，这里的重点是说明科学的对象应该是自然，包含人在内的自然，它隐含着科学是什么以及为什么的问题。

于是问题也必将转向人与自然的关系，而人与自然的关系首要问题是人对自然的看法，即所谓自然观。当然，提起自然观人们自然会联想到自然的本原问题，有人称之为"本体论"，也就是构成世界的本原是什么。在这里西方社会有一个传统，即相信找到构成世界、构成的物质的最初物质也就解决了所有问题。《增长的极限》却发现人类的困境在于，人类尽管具有很多知识和技能可以看出问题，然而却不能理解它的组成部分的起源、意义和相互关系，因此不可能有效地做出反应。对待自然西方社会存有的观念几乎都建立在这样一种基础上，这种基础可以用古希腊一位哲人的话来概括，就是人是万物的尺度。这是西方社会对待自然的出发点，这也几乎成为西方人行事的一切准则。在这种尺度下，人与自然被割裂开来。因此，科学往往被理解成一种人类行为的工具，它往往将科学的价值关怀与之相分离，造成工具理性与价值理性的分离。这样做看起来似乎有利于对问题的分析，但它也为许多无谓的争论提供了空间。科学作为具有理性的人类的一种行为，在不同文化的熏染下，也一定被附加了某种所谓价值的东西。科学当然应该涉及终极关怀，对科学价值的追问必然涉及终极关怀。终极关怀作为对人生价值最高层次的关怀，是工具理性与价值理性、科学精神与人文精神的统一。

贝尔纳认为科学作为一种建制，一种方法，一种积累知识传统，一种维持或发展生产的主要因素，以及构成人类的诸多信仰和对宇宙和人类的最强大势力。这是贝尔纳对科学是什么的完整表述，即使贝尔纳并没有直接说出科学与人自身是一种什么样的关系，但它很明确地指出了，科学与社会发展之间存在着非常密切的联系。科学是人对包括人在内的自然的认识，那么科学之中就有着人自己的影子，科学也就应该将人类自己的利益放在最高位置，当然这种利益是全人类最根本的利益，它应该是久远的而不是一种短视的行为。可见，贝尔纳以其睿智的眼光看到了传统科学哲学的局限性，即关注作为知识的科学，把科学发展只看作追求真理的过程的局限性。贝尔纳科学学关注的是作为实践的科学，既然是作为实践的科学，那么就一定会涉及科学的最终目的即科学的终极关怀。

三、科学造福于人类：自觉的科学社会实践

贝尔纳面对科学在战争中的不合理利用，并没有悲观或者陷入反科学思潮，反而主张科学可以造福于人类。不难看出，贝尔纳这种主张的基础是科学是价值中立的，科学是可以理性发展的。

1. 为人类服务的科学

科学可以为人类服务是贝尔纳科学学思想的一个重要前提，也是贝尔纳科学学思想一个不可或缺的环节。因为在战争的背景下，人们

对科学的质疑和怀疑，使科学在发展的过程中遇到了空前的危机。如果说除了在战争中的应用，以至于伤害了众多无辜的生命之外，科学不能为人类服务，那么科学的发展将受到严峻的挑战，甚至危及科学的存在。

贝尔纳认为科学是可以为人类服务的。对于这一点今天的人们几乎很少有人提出异议，因为生活发生着日新月异的变化，人们很容易理解如此变化之后科学的力量所在，因此也会很容易领会科学对人类生活的影响，当然也就会很轻易的赞同科学是可以为人类服务的。然而在贝尔纳所处的时代，这恰恰是一个需要辩护的观点。就像贝尔纳所说的："人们面前仍然有巨大的任务——最终地征服空间，征服疾病，征服死亡，尤其是征服他们自己共同生活的方式。"[1] 虽然运用"征服"这个词来表达科学能够为人类服务的观点并不准确。不过，这并不是这一节所要论述的主题。因为对于贝尔纳所阐明的观点必须要进一步厘清它之后的东西，只有这样才能够真正明白贝尔纳科学学的理论实质。这当然也是研究贝尔纳及其思想的意义所在。

贝尔纳对科学能给人类带来实惠的欣喜之情是溢于言表的。对于人类的需求贝尔纳认为可以分为生理需求和社会需求两种。科学的发展可以实现诸如衣食住行等基本需求，科学的发展在疾病的防治以及寿命的延长与愉悦的精神生活上给人类带来众多可能，应该说科学可以满足人类各种需求。在对生物学研究应用方面的描述中进一步得到了说明，贝尔纳相信随着人类对生物学越来越深入地了解，人们将能够对有生命的环境和自己的身体获得有意识的控制。随着对于土壤科

---

[1] ［英］J.D. 贝尔纳 . 科学的社会功能 [M]. 陈体芳译 . 桂林：广西师范大学出版社，2003：442.

学、生态学和植物生理学知识的越来越多的积累，提供更多的农产品也将成为可能；随着通过酵母菌类和藻类的培植，生产新食品和新药品将变成现实；随着生物化学的应用，就连烹调也能成为一种科学。因此，科学可以全方位的为人类服务。

可以说，正是这样一种信念——科学可以为人类服务，支撑着贝尔纳建立科学学思想，尽管贝尔纳理解的科学的功能可能要比科学的实际功能有所夸大。比如说，贝尔纳认为除了利用科学占有和使用资源，人们可以"利用科学寻找到逃离地球的方法，以避免地质的灾变或宇宙灾变带来的彻底毁灭"。[1] 人们反对科学发展是由于"对迄今科学所取得的成就感到失望，没有认识到科学这种人道的和富于诗意的因素"，也是由于人们"完全不能设想同今天的生活方式大不相同的生活方式"。[2] 所以贝尔纳相信科学可以通过在工业和生产中的应用来实现生活方式上的改变。

不可否认在贝尔纳所生活的社会背景之下，对于科学发展本身，首先必须要让人们对科学拥有信心，寻找到科学可以继续延续下去的必要。无疑科学若能够给人们带来现实的与实际的益处，将会具有很强的说服力。同时，贝尔纳坚持科学是可以为人类服务的观点，也为科学学思想的进一步发展建立了一个必要的基础。因为科学为人类服务的过程，也必将涉及科学与经济、政治、文化等诸多方面的关系，这些是贝尔纳科学学的具体内容。

---

[1] ［英］J.D. 贝尔纳. 科学的社会功能 [M]. 陈体芳译. 桂林：广西师范大学出版社，2003：443.

[2] ［英］J.D. 贝尔纳. 科学的社会功能 [M]. 陈体芳译. 桂林：广西师范大学出版社，2003：43.

2. 价值中立的科学

面对科学在战争中的不合理利用，贝尔纳依然主张科学可以为人类服务。由此可以引出另外一个问题，即科学和价值的关系。不难看出，贝尔纳上述主张的基础是认为科学是价值中立的。对于战争中科学的应用给人类带来的伤害主要是由于人们对于科学的不合理应用，并不是科学本身的问题。问题的根源主要在人类自身，也就是说只要人们将科学应用到正确的地方，科学并不会给人类带来危害。科学在这里被贝尔纳理解为一种工具，可以被人们利用的工具和手段。贝尔纳认为科学具有几种形相，认为科学除了是一种建制外，科学还是一种方法。方法往往与手段联系在一起，方法和手段总是趋向于一定的目的和结果。主体对于客体所采用方法和手段所要满足的目的和结果，并不在于方法和手段而在于主体的选择。科学是一种方法，也是一种工具，科学在战争中的不当应用，是由于人的不当使用，所以不能将问题归咎于科学。

科学与价值的关系，学术界通常会表述成科学理性和价值理性之间的关系，通过梳理和探讨科学理性和价值理性之间的关系，来探讨科学及与科学相关的问题。贝尔纳并没有直接表达关于科学理性和价值理性的论断，但是贝尔纳指出了科学可以为人类服务，这样的观点涉及了科学与价值之间的关系，也只能用科学价值中立这样的论述来理解。所以对科学理性及价值理性做一定的阐述显得非常必要。

"理性"并不好理解，理性是什么？至今尚无定论，对"理性"的理解也是仁者见仁，智者见智。在西语中有两个词被翻译成理性，一是 Rationality，一是 Reason。对这两个西语词语的不同理解也就成了对理性不同的理解争论的基础。Reason 倾向于事物的成因，如果将其对应于理性，那么理性就可以被理解成是一种客观、一种规律的另一种表述，这大概也是人们比较愿意接受的；其实，今天人们所谈及的科学理性或者是科技理性起初源于马克思·韦伯的技术理性，它的表述是用 Rationality 而非 Reason，其对于理性的理解就变得复杂了。对于科学来说，科学具有工具性，而工具性并不能够简单地被理解成工具理性，所以科学理性应该具有另一种内涵，这种内涵必然引起对理性的正确把握，前一种对理性的理解可能并不全面，对理性的理解也应该加入人的成分。如此而来，理性就与价值联系起来了。科学理性和价值理性并不具有不可逾越的鸿沟，科学理性和价值理性同样是属于人的理性，那么在这样的基础之上来理解科学，对科学自身问题进行研究就会变得深刻许多。

对于科学是不是价值中立，学术界一直有着不同的争论。持科学价值中立观点的人们认为，既然科学是关于经验世界事实的普遍描述，科学是关于客观事实的判断，那么它就与主观的价值无关，价值问题完全是在知识的范围之外，应当排除以个人的好恶为主的价值评判，以免导致对事实的歪曲，甚至可以避免重蹈用信仰与强权来取代事实与真理的覆辙。在这种价值观主导下，科学本身与它的应用是分开的。相反，持价值非中立的人认为，科学不仅具有科学属性还应具有价值属性，科学本来就是人类的科学，是人类对自然的认识，在科学的发展过程之中，科学必然会烙上人类的影子，人类自身的价值观也必然会影响和渗透到科学之中，科学不应也不会是价值中立的。同样，持这种观点的人认为科学家在科学的发展过程中有着不可忽视的地位与作用，因为科学都是出自科学家之手，科学家的感情因素将会不自觉地渗透到他所研究的科学之中。贝尔纳虽然也经常强调在科学发展与科学管理之中科学家应该负起相当的社会责任，但他强调的是在研究和应用科学时要尽可能的避免将个人感情渗透于科学之中，在科学的不当应用危害人类时，科学家要勇于运用自己的特殊地位来减少和消除危害。

贝尔纳认为科学的一个重要的形相是作为一种建制而存在的，也就是说科学首先是一种有组织的社会活动，他已经关注到科学建构过程中的组织形式。因此，贝尔纳不同于一般科学价值中立者只看到科学的应用，显然贝尔纳已经具备了迈向科学价值非中立的迹象。然而，贝尔纳科学学的宗旨是科学造福于人类。那么，首先就要具备一个前提条件，即科学本身并没有问题，如果有问题也是科学之外的，这就需要科学价值中立的立场。中立抑或非中立，在贝尔纳这里是两条线，两条始终没有贯通起来的线。这就是贝尔纳在科学价值观上的疑难。关于这一点后文还会涉及。虽然如此，我们依然还是看到了贝尔纳思想相比于同时代人的超前性。

3. 涉及终极关怀的科学

"人生的意义是什么？人活着是为了什么？生命存在的价值是什么？"等问题的回答涉及终极关怀。终极关怀源于人是一种有限而追求无限的存在物，是对宇宙、人生形而上层次的思考，是对生命意义的终极追问。只有明白了自己的"终极关怀"才会明白自己具体要做什么与怎样做？人的终极关怀，在西方思想发展史上，不仅是神学的任务，同样也构成了哲学的主题。"哲学智慧喜爱追本溯源，无论对世界的本质，还是对人生的真谛，都试图从整体上把握其底蕴。正如罗素所说，哲学面向宗教，敢思科学之不思；又立足科学，敢疑宗教之不疑。这两种对立因素的结合，使哲学成为比科学和宗教更伟大的东西。"[1] 反思现实生活中，人们并没有因为科学技术发展而过上舒适自足、有价值的生活，反而失却了精神家园，备受人性危机、精神危机之苦。问题何在呢？叔本华、尼采首先揭露出西方传统的形而上学在人的问题上的抽象性、虚假性，即抽象掉人的感性的、经验的等有限性因素，而使人变成为绝对的无限者，从而使有血有肉的终有一死的人超升为不食人间烟火的不朽的神。这种形而上学在科学哲学上的表现就是知识论的科学哲学传统。

贝尔纳科学学反叛的正是这种脱离实践、脱离现实生活的哲学传统，转向作为社会实践的科学。社会实践中的科学一定会涉及科学的最终目的即科学的终极关怀，使贝尔纳科学学具有了一定的哲学意蕴。科学是人对包括人在内的自然的认识，那么科学之中就有着人自己的影子，科学也就应该将人类自己的利益放在最高位置，当然这种利益是全人类最根本的利益。可见，贝尔纳以其睿智的眼光看到了传统科学哲学的局限性，即关注作为知识的科学，把科学发展只看作追求真理的过程的局限性。贝尔纳科学学关注的是作为实践的科学，既然是作为实践的科学，那么就一定会涉及科学的最终目的即科学的终极关怀。

什么是终极关怀很难用一句简练的话语阐述明白，但是对终极关怀的探讨一定是涉及对生命的意义和价值的追问与思考。有人说，这起源于人是一种有限而追求无限的存在物。既然如此，对个体生命意义和人类生存价值的终极追问就不应是哲学或者伦理学的专利。人生

[1] 卞敏.哲学与终极关怀[J].江海学刊.1997(3).

也必然回归宇宙，人生是宇宙、自然中的人生，离开宇宙、自然人生也不会存在。

贝尔纳一定深思过这样一个涉及终极关怀的问题，即科学的意义和价值究竟是什么？增加某一狭窄领域的知识，其本身有何价值？即便将某一学科如物理学、化学、植物学或动物学的所有分支所取得的成就综合起来，又有何价值？甚至将所有的学科的成就加在一起，如果不与人类的生活实践相联系，其价值又是什么呢？在《科学的社会功能》中，贝尔纳认为科学主要有三种功能："用于直接满足人类需要以及用于生产事业的生产过程，借以满足现代社会的人类需要。这些虽然都是科学的最直接的用途，却并不是科学在社会中仅有的用途。科学常常被人当作一种满足欲望的手段加以利用，而科学本身却和这些欲望无关。"[1] "幸而科学还有第三个而且是更重要的功能，即科学是社会变革的主要力量。科学起初是技术变革，不自觉地为经济和社会变革开路，后来它就成为社会变革本身的更加自觉的和直接的动力了。"[2] 变革社会即是社会历史因素，而不仅仅是经济因素。所以，以贝尔纳的胸怀，科学学所要解决的与其说是使科学有利于经济发展的需要，不如说是要满足人类对科学提出的更大要求，"使科学来解决更大的、必须正视的人类和社会问题"。[3] 即科学真正成为变革社会的主要力量。也就是说，"科学学要解决的是科学向何处去的问题，它

[1] ［英］J. D. 贝尔纳. 科学的社会功能 [M]. 陈体芳译. 桂林：广西师范大学出版社，2003：446.

[2] ［英］J. D. 贝尔纳. 科学的社会功能 [M]. 陈体芳译. 桂林：广西师范大学出版社，2003：446.

[3] ［英］J. D. 贝尔纳. 科学的社会功能 [M]. 陈体芳译. 桂林：广西师范大学出版社，2003：551.

通过合理地规划科学来为社会谋取最大的福利，并非是当下的和局部的福利，而是长久和全面的福利"。[1] 贝尔纳知道科学现在肯定不是直接用于造福人类的。

人类是地球上生长着的智慧动物，是万物之灵。回顾人类的足迹，科学作为人类区别于其他动物的一个伟大的杰作，科学在祛魅的过程中难道不是带有非常明确的目的性吗？是的，人类的科学行为中带着非常明显的目的性，虽然有时这种目的性存在于不自觉之中。

考虑到人类利益不同，目的当然不尽相同。科学作为一种行为来讲，存在于不同的人身上就有着不同的目的，就像贝尔纳指出的一样，科学是一种建制。当然在不同的建制之内，处于不同的科学共同体之内，科学的目的会大不相同。譬如说，爱因斯坦的质能关系之原理，如果说爱因斯坦发现这一关系之目的是为了揭示自然现象背后的本质，那么用这样的原理作为理论之根据制造作为戕害人类的原子弹，这两者目的的差异已经非常明显了。科学的主体是人，站在人类的角度，科学的目的应该是为了全人类的整体利益，而不应该仅仅服务于部分人。

当然，为了达到目的还要有相应的手段，一个目的可能会有多种手段，但是手段却不可能成为目的。科学有着为人类服务的目的，作为研究科学的方法和手段当然不是科学的目的。贝尔纳认为："科学的真正积极部分即科学发现，是不在科学方法本身范围内的。科学方法仅仅是为科学发现做准备并确定科学发现的可靠性。"[2] 这样，贝尔

---

[1] 肖娜. 论贝尔纳学派的科学学 [D]. 湘潭大学，2001：33.

[2] ［英］J. D. 贝尔纳. 科学的社会功能 [M]. 陈体芳译. 桂林：广西师范大学出版社，2003：479.

纳就把科学哲学的研究扩大到科学发现，而不局限于传统科学哲学中仅对科学方法的关注。如果将科学哲学的范围扩大到科学发现的层面上，那么首先科学的定义，或者说科学本身的意义就有必要重新诠释，对此劳丹的论述值得赞赏："如果把科学描述为对真理的追求，那么结论必然是科学总是令人沮丧地遭到失败，因为实际上我们所了解的所有重大理论之证明均存例外；但是如果我们不采取上述看法而把科学看成旨在回答关于自然界的种种问题——并且是在一个系统连贯且得到经验很好支持的框架内作此回答——那么科学表现为不仅是一种合理的活动，而且还是一种有显著进步的活动。"[1] 显然传统科学哲学家重视科学方法的原因在于，他们认为作为知识的科学就是对真理的追求，为了保障科学真理性的科学方法就显得尤为重要，可见传统科学哲学的重点在于认识论的追问。

为什么贝尔纳一定要强调科学中积极的部分是科学发现而不是科学方法呢？因为在贝尔纳看来，科学发现的过程本身就是一个社会实践过程。科学发现的结果远比科学发现的方法更重要，因为作为科学发现的结果的科学是变革社会的力量，科学的目的是为了全人类的利益。贝尔纳的科学学涉及了科学的终极关怀。这也正是贝尔纳科学学对传统科学哲学的突破，因为把科学看作知识的传统科学哲学的目的是科学的真理性论证，科学方法正是他们论证科学发现可靠性的基础。如果只将科学哲学的研究对象限定为科学证明而将科学发现排除在外，那么科学证明的逻辑问题将会始终限定在一种文化特质之内，而永远摆脱不了它的缺陷，因为科学将始终受到这种文化特质的局限。这就是上述传统西方科学哲学的困境。

[1] ［美］劳丹.进步及其问题 [M].方在庆译.上海译文出版社，1991：129.

就像贝尔纳指出的，很多时候促使人们去做科学发现的动力并不是为了追求所谓的客观真理，促使科学发现和发现所依赖的手段便是人们对物质的需求。科学应该被理解为人类文明的一个重要组成部分，因而科学与人类社会的发展是紧密相连的，甚至可以说科学是属于人类社会的。所以说，科学的目的不应只局限于科学自身，科学的目的应该服从于人类社会的总目的，只有这样才能使科学真正造福于人类，也只有这样科学才能走出一条正确的发展道路。

所以，我们在提及科学，讨论科学发展时，要求科学必须与人的价值关怀相关联，因为我们已经看到科学进步所带来的一些后果，科学虽然给人类提供了某些便捷，使人们生活更舒适，但是科学发展对于环境的影响已经危及人类的生存。贝尔纳的高明之处就在于他比许多人更早地意识到这个问题的严重性，所以他一方面指出科学在战争中的错误应用，另一方面告诉人们只要正确的应用科学就可以造福于人类。然而，由于时代的局限性，贝尔纳对于科学的价值关怀并没有如想象中那么完美，但是可以确信，今天人们对于这个问题的思考依然可以从贝尔纳的思想中获得启迪和感悟。

第三章

关注科学的社会实践：贝尔纳科学学思想的核心

科学的社会实践转向导致了贝尔纳科学学的诞生。与默顿科学体制社会学研究传统的比较中可以发现，贝尔纳整体动态研究科学与社会，即关注的是科学的社会实践。贝尔纳认为知识论的科学哲学传统不能解决社会以及科学当前面临的困境。他反叛脱离社会实践的科学哲学传统，回归生活世界，关注科学的社会实践，展开对科学全方位的社会研究。在社会实践中历史地、具体地、开放地、与社会互动地、涉及终极关怀地看待科学。引领科学哲学由近代的科学世界观向现代的生活世界观回归。

一、科学的社会实践：不同于默顿的研究传统

贝尔纳与默顿同时被尊称为科学社会学的奠基者，他们开创了科学社会研究的两种进路。贝尔纳开创广义的科学社会研究传统，宏观多维透视科学与社会，涉及科学的过去、现在和未来，而且关乎与科

学相联系的其他领域，贝尔纳眼中的科学是具有时间整体感和空间整体感的动态发展过程。默顿则引领微观的科学体制社会学发展潮流，利用结构功能分析法聚焦科学体制，对科学的社会研究侧重于科学家共同体内部规范相对静态的描述。

1. 两种研究向度：科学社会实践与科学体制

虽然贝尔纳和默顿都把科学当作社会的一个子系统，都认为科学是一种体制化的社会活动，但进入贝尔纳视域的是科学这个子系统与其他社会子系统之间的关系，即科学的社会实践维度。默顿关注的焦点则是科学这个子系统内部社会规范的问题，即科学体制社会学。

1.1 宏观多维透视科学与社会

宏观多维的视角，使贝尔纳把科学放在历史和当时的社会时空中加以分析，涉及科学的过去、现在和未来，关注科学的社会实践问题，而非科学的某一个方面。贝尔纳眼中的科学是一棵扎根于社会中的大树，粗大的树干上枝叶繁茂、盘根错节。

贝尔纳以马克思主义理论为指导研究科学的社会作用，对科学与社会之间的互动，科技与经济之间的关系等问题都进行了广泛、深刻的研究，并发表了关于科学的历史、现实以及科学的未来等问题的精湛阐述，引起了极大的社会反响。他认为科学并不是孤立的，科学是作为一个社会子系统出现，在历史上科学与生产因素有着不可分割的联系。在科学发展的初期，生产部门的需求构成了科学发展的直接动力源。这种发展慢慢地增强了科学的独立性，科学以及技术开始按照自身的逻辑发展，并且越来越对生产部门起到决定性的影响，成为社会中一个不能忽视的子系统。科学与生产部门之间的交流是通过各构成要素之间的相互影响得以实现的。对这种相互影响的研究成了贝尔纳《科学的社会功能》的主要内容。这本书全方位地探讨了科学与社会的关系，可以说是一部关于科学的宏大叙事。从人类发展史的角度对科学所能起的作用和科学所应该起到的作用进行了概括，具体指出现实社会中，科学与经济、教育、工业以及战争等方面的作用和方式。并进一步指出科学的未来，他说："科学是社会进展的一个主要因素……科学在铸造世界的未来上能起决定性的作用。"[1]

在高度评价科学的革命作用的同时，贝尔纳看到了科学对社会发展的负面影响。如前所言，科学带来新的生产方法，反而引起失业和生产过剩，丝毫也没有减轻贫困的普遍存在；科学被用于制造新式武器，使战争变得比任何时候都可怕，甚至从根本上威胁到人类的生存。贝尔纳认为，科学应用的消极方面是可以消除的，但仅仅期望消除科学的危害是不够的。"我们还必须期望创造出新的美好的事物，更美好的、更积极的和更和谐的个人和社会生活方式……像研究自然界那样去研究人类，去发现社会运动和社会需要的意义和方向，这就是科学的功能。"[2]

通过对摧残科学和把科学应用于破坏性目的的披露，贝尔纳指出影响科学功能正常发挥的各种因素，着重分析了科学的改造、社会的科学改造以及科学社会功能的正常发挥。在此基础上形成了科学学理

---

[1]　［英］J.D.贝尔纳.历史上的科学［M］.伍况甫等译.北京：科学出版社，1981：45.

[2]　［英］J.D.贝尔纳.科学的社会功能［M］.陈体芳译.桂林：广西师范大学出版社，2003：478.

论。根据贝尔纳的观点，科学对社会的作用根本上体现为两个层面，即自发的作用和自觉的作用，前者是科学在过去和现代所具有的社会功能，后者是科学所能够具有和应该具有的社会功能；前者是科学的基本属性的自然体现，后者则是这种属性的自觉运用并且是构成贝尔纳应用科学学理论的主要内容之一。

《科学的社会功能》一书所提出的观点，不只是贝尔纳个人而且也是一个科学学派的观点。这个学派实际上就是一个比科学本身更广泛的科学家集团，这就是当时的一种"无形学院"。他们不满足于科学作为一种与世隔绝的活动，试图将科学带进市场、政府会议、工农业生产过程，以至人类活动的一切领域，真正回归生活世界。某种程度上可以说，贝尔纳不但开创了科学社会研究新路径，而且开创了科学社会实践的新路径。

1.2 内在微观聚焦科学体制

默顿早期曾经注重科学与社会文化、价值观念等之间关系的研究，从他的博士论文《十七世纪英格兰的科学、技术与社会》中可以看出这一点。默顿从科学发生学的角度，考察了 17 世纪英国科学兴起的社会文化背景与价值观念，尤其是新教伦理与科学家的精神气质之间的关系，科学、技术与军事工业和经济发展的关系。实际上，默顿重点在于说明科学作为一种建制是怎样受到以新教为标志的特殊价值关系的培育而出现的。他认为："科学是长时期文化孵化生成的一个娇儿。我们倘若要发现科学的这种新表现出来的生命力，这种新赢得的声望的独特源泉，那就应该到那些文化价值去寻找。"[1]

---

[1] ［美］R. K. 默顿 . 十七世纪英国的科学、技术与社会 [M]. 范岱年等译 . 成都：四川人民出版社，1986：79.

默顿的结论是："17 世纪英国的文化土壤对科学的成长与传播是特别肥沃的。"[1]

后来默顿受到逻辑经验主义和内史主义的影响，他认为科学的社会功能仅仅是由其结构引发的结果之一，应该由结构解释功能，最终走向科学体制社会学。这从他后期的作品可以看出。他的《关于科学和民主的看法》不再是一般性地论述社会文明环境中的科学，而是聚焦作为一种社会建制的科学即科学共同体内部规范结构，特别是从事科学活动的人即科学家的行为规范结构，完全从科学体制内部考察作为共同体的科学何以自洽和自主运行的问题。

默顿在《科学的规范结构》中讨论的问题也是限于把科学作为一种社会体制来考察它的文化结构（虽然他不否认科学的知识内容）。他认为科学具有一种精神气质，从而把从事科学活动的人联系在一起。这种精神气质是价值和规范的综合体，这些规范以指令、禁止、偏爱和许可等形式表现出来，又进一步合法化为体制的价值，形成一种命令或规则，使科学家在不同程度上将其内化为自身的价值观形成科学良心，以此规范科学行为。默顿指出可以把现代科学的精神气质看作是由普遍主义（科学的真理服从于不以个人意志为转移的普遍标准）、公有主义（科学知识为公共所有）、无私利性（从事科学活动、创造科学知识的人不应以科学谋取私利）和有条理的怀疑主义（科学在发展中要不断向自然界和社会提出各种疑问）等四组体制的命令所组成的。[2]

---

[1] ［美］R.K. 默顿 . 十七世纪英国的科学、技术与社会 [M]. 范岱年等译 . 成都：四川人民出版社，1986：79.

[2] 刘珺珺 . 科学社会学 [M]. 上海：上海科技教育出版社，2009：165-170.

从近代科学兴起开始，科学体制这种潜在的规范就引发了科学史上著名的关于科学发现或发明优先权的争论。默顿在 1957 年发表了《科学发现的优先权》一文，对此进行了广泛深入地阐述。他认为科学建制的目标就是"增加准确无误的知识"，所以，科学界把科学创新看成最高价值，科学规范要求科学家具有创新精神，而科学家在努力做出贡献之后，当然希望科学共同体内部以及广大社会承认其工作的创新性。可见，科学体制规范的要求对科学家施加了压力，从而使科学家为维护自己的发现或发明的优先权而斗争。默顿对优先权争论的根源与实质的分析，引出了对科学奖励制度的研究。他指出科学奖励制度作为科学共同体对科学家所做贡献的肯定和承认体系，是体现科学体制要求、肯定科学家创新的手段。

对于科学奖励制度中涉及个人事业和荣誉分配的一种不公平、不平等现象——优势积累效应，默顿于 1968 年发表了《科学中的马太效应》。文中默顿将其称为"马太效应"，并表明科学共同体对科学家的承认可以转化为改善研究条件的财富，所以，科学奖励制度不可避免地造成科学家在研究环境、背景及机遇等方面的差异，导致科学内部分层现象的出现。这就揭示了科学内部分层现象的奥秘和根源，说明了科学体制中权威结构的存在。默顿及其学派随之对这种权威结构进行了深入细致的研究。结果表明，科学体制中的权威结构是和分层现象紧密联系在一起的，它们产生的基础和内在机制使科学家所做的贡献得到了科学共同体的承认。研究科学奖励或报偿制度一般都要涉及科学评议系统的问题，这正是科学奖励与报偿制度的核心，因为评议系统的工作是影响科学奖励和交流的关键。默顿不但研究了科学交流体系，也讨论了科学评价系统的体制化问题。

可见，默顿是将一系列与科学有关的社会问题引入科学体制内部加以具体研究。对科学的社会研究逐渐聚焦到科学共同体这样一个较微观的领域，聚焦科学体制内部。这与贝尔纳的宏观多维的视角形成了鲜明的对比。

2. 两种认识视域：整体动态与局部静态

贝尔纳对科学的研究涉及社会诸因素，而且科学与社会各因素之间存在一种整体互动的关系，因此具有整体动态的认识特点。而默顿则主要研究科学这个社会子系统内部的规范结构，因此具有局部静态的认识特点。

2.1 贝尔纳整体动态的认识特点

整体动态的视角和历史主义的研究方法，使贝尔纳眼中的科学同时具有历史感和时代感。他不是就科学而论科学，在他的论述中涉及科学的过去、现在和未来，而且关乎与科学相联系的其他诸多领域，具有时间整体感和空间整体感。贝尔纳眼中的科学是一个动态的整体，就像一棵不断生长的大树。

首先，他把科学看作一个动态发展的过程，体现在科学概念的流动性。贝尔纳认为："科学在全部人类历史中确已如此地改变了它的性质，以至于无法下一个适合的定义，科学处于为生活而劳动的人们所树立和传递的实践，以及一些观念和传统所结成的范型这二者之间。"[1] 企图建立定义的尝试尽管很多，但只能或多或少不完满地表现科学整个生长过程中某一时期所存在的形相之一。不管哪一种充足

---

[1] ［英］J.D. 贝尔纳. 历史上的科学 [M]. 伍况甫等译. 北京：科学出版社，1981：序言.

的完全的定义，对于它都不完全适用，它必然会随着时间与空间即社会历史的演化而改变。相应地，贝尔纳开创的以科学作为研究对象的科学学也包括两个方面，它既要解决科学生产中的实践问题，也要面对科学在作为一种思想范型时出现的问题。尤其在科学和社会变革速度加快，科学作为解决新问题的手段，其作用将日益增大，我们将会越来越强烈地感到，研究作为一个整体的科学所有方面的发展是十分必要的，这也就是科学学的必要性的问题。或者说："科学学要解决的是科学向何处去的问题，它通过合理地规划科学来为社会谋取最大的福利，并非是当下的和局部的福利，而是长久和全面的福利。"[1]

其次，他把科学与社会看作一个互动发展的整体，体现在科学社会实践的研究中。贝尔纳认为，在任何一个历史的横断面中，科学总是由相应的方法、传统等抽象因素和仪器、实验、定律、假设和理论等现实因素组成，因而，它必定是特定时代的社会知识系统。更为重要的是，贝尔纳抛弃了传统的静态认识论模式（牛顿式和培根式科学研究纲领），更强调科学的动态开放性、科学和社会之间的不可分离性。科学必然是对不断变化的社会历史现状的一个抽象。这种社会现实性要求科学时刻根据社会要求而不是自身的理论或逻辑要求来改变自己的方向，创新自己的体系。科学知识体系的完整性就在于它的开放性，在科学的社会实践中，因为科学的种种结论被人遵循时科学才算完整，故而科学与社会实践，科学与技术密切联系不可分割。因此，贝尔纳更倾向于认为，从科学作为一个存在的事物和完整事物来看，它是人类所知的事物中最客观的；但从科学的形成过程和它作为追求的目标来看，却是主观的、开放的。

---

[1] 肖娜.论贝尔纳学派的科学学[D].湘潭大学，2001：33.

生产要素、社会建构和开放体系构成了贝尔纳学科学观的重要方面，它表明了科学作为一个社会子系统是如何运用社会手段规定自身，在此基础上，开放的科学知识系统作为一种社会因素必然对社会本身施加影响，或者说，科学与社会各因素之间是作用与反作用的关系。[1]这些无疑都为贝尔纳科学观的动态整体性提供了佐证。由于科学和社会间的不可分离性，它必然是对不断变化的社会历史现状的一个抽象，社会现实性要求科学时刻根据社会要求而不是自身的理论或逻辑的要求来改变自己的方向，创新自己的体系。社会也会随着科学的发展不断地发生表面上，进而实质性的一系列变化，在当代这种变化已经成为现实。

2.2 默顿局部静态的认识特点

在默顿看来，科学在形式和内容上都是静态的。默顿曾经在对早期知识社会学的范式进行清算时就认为，知识社会学的"知识形式多种多样"的歧义局面，造成了知识分类的杂乱无章，知识概念的急剧增加，分析方法的多种多样。这说明默顿反对知识分类、知识形式以及知识概念确定的任意化，而主张知识形式、分类和概念具有相对稳定性和标准化。默顿对科学内容的静态性认识观点更加明确。默顿认为："近代科学，亦即在十七世纪变得明确起来，而且持续至今的那种类型的科学工作，其基本假设就是一种广泛传播、出自本能的信念，相信存在着一种事物的秩序，特别是一种自然界的秩序。"[2]可见，默顿承袭了传统科学观，相信存在这种自然秩序，科学应设法靠近它，找到它。换言之，科学的

---

[1] 肖娜.试论贝尔纳的科学观 [J].广东社会科学，2005(3)：80.

[2] ［美］R.K.默顿.十七世纪英国的科学、技术与社会 [M].范岱年等译.成都：四川人民出版社，1986：150.

内容是自然界决定的，与人为因素无关，因此是静态的。

在对科学进行体制化研究时，默顿也仅仅抓住科学独特的精神气质这一相对稳定的特质，使之成为其科学社会学的起点。默顿科学社会学理论包括两方面的内容："即科学的建制化气质（它的规范方面）和科学的社会组织（科学家之间的互动的图式），后者即科学共同体。"[1]默顿把科学看作是具有独特精神气质的社会建制。这种建制的目标是"增加准确无误的知识"。在默顿看来，科学知识奠定在纯粹中性、无污染的经验事实的基础上，其内容如实反映外部世界的客观规律，任何个人的主观因素和社会因素的渗透都只能造成科学知识的失真，并且妨碍科学的正常发展；科学等价于真理，科学的发展则是真理的不断积累。因此，为了保证科学制度性目标的实现，需要科学家在生产科学知识的各个环节中都要尽可能全面彻底地防止和减少个人的主观因素和社会因素对科学知识的侵蚀。由此，他提出了科学家应遵循的四条规范，即普遍主义、公有主义、无私利性和有条理的怀疑主义。这四条规范正好从四个不同侧面出发，殊途同归，它们共同的目的就是为了防止各种"杂质"对科学知识的污染，保证科学知识的真理性。

默顿以科学的精神气质为基础，提出科学建制具有自己的目标、规范，从而由此发展了一套认定科学家角色的奖励系统，这种奖励是由科学交流维系的科学共同体来分配的。因此我们说，在默顿的理论中，科学的社会建制（即规范）是前提，也是基础。早在 1938 年，默顿在其《科学与社会秩序》一文中就较明确地指出："科学的精神气质是指一套有感性色彩的约束科学家的规则、规定、惯例、价值和预设的

---

[1] 樊春良.默顿科学社会学理论新探[J].自然辩证法通讯，1994(5)：38.

综合。其中有些方面是方法论上的需要，但是遵守这些规则并不单独是从方法论上考虑。这种精神气质作为普遍的社会指令，由运用到它的人的感性所维系。违反它就会受到它的支持者的本能制止和强烈反对。"[1] 可以看出，这样的一个定义所提出的规则是一种科学体制内部状态的描述。

总之，与贝尔纳相比，默顿的科学观主要集中在作为社会制度体系的科学社会的内部，没有贝尔纳那种宏大叙事的气概。他对科学的研究也主要侧重于科学家共同体结构内部的种种规范等相对静态的描述。

3. 两种分析方法："计量 – 模式"法与"结构 – 功能"法

科学家出身的贝尔纳的科学学带有自然科学研究方法的印迹。而作为社会学家的默顿则主要应用社会学结构功能分析的研究方法。

3.1 以自然科学的方法研究科学与社会

贝尔纳认为"卡尔·马克思和弗里德里希·恩格斯的伟大成就就是创立了这样一种关于社会的科学"。[2] 很显然贝尔纳已经把马克思主义学术思想看成是科学的一种，在贝尔纳眼里科学分为社会科学和自然科学。他从马克思主义思想中继承了这样的一种传统，即社会科学也是可以和自然科学一样运用科学的方法研究的，同时社会科学也是可以和自然科学一起来加以探讨的。

---

[1] ［美］R.K. 默顿.科学社会学 [M].鲁旭东，林聚任译.北京：商务印书馆，2003：258.

[2] ［英］J.D. 贝尔纳.历史上的科学 [M].伍况甫等译.北京：科学出版社，1981：582.

　　贝尔纳认为科学是一种社会设施，它是由千百人组成的科学团体、科学机构，为探索自然和社会的奥秘，揭示物质运动的规律性而建立的社会组织；科学在历史形态上一直是社会中一个不可分割的组成部分；在现实形态上科学正在影响当代变革而且也受到这些变革的影响。因此在科学与社会之间建立起有机的联系是完全可能的，而合理地规范这种联系的方法必然是科学本身所创造出来的方法，研究科学地规范科学的科学即科学学。"以科学的方法研究科学"是贝尔纳科学学最主要的方法论。贝尔纳应用科学的方法研究"科学"本身有三大特点：一是进行定量的研究，为科学计量学奠定了基础；二是进行理论模式的探索，提出了"地理模型""网络模型"等，深化了对科学发展的理解；三是分析了科研工作中的政策和管理问题，为科研管理、科研决策、科学规划、科学发展的战略研究作了开拓性的工作。贝尔纳和马凯共同撰写的《在通向科学学的道路上》一文中，将科学学的研究方法概括为：统计研究方法、关键事例研究方法、结构研究方法、试验研究方法、分类研究方法。正因为如此，普赖斯说："科学学，贝尔纳则是这门学科的奠基人。""贝尔纳正是以其1939年出版的不朽巨著，而成为广泛地开拓'科学地分析科学'的第一人。""他作为一位大科学家，关于在世界范围内有必要合理地规划科学的权威论述，已经变成一部基础文献。"[1]贝尔纳撰写的《科学的社会功能》一书的主要研究方法有计量分析方法、科学结构的理论模式分析方法等。

　　贝尔纳将计量方法引入对科学自身的研究。计量学就是以可计量的自然现象和社会现象为研究对象，是一种运用数学方法或数学模型

[1] 查有梁. 科学学的奠基人—贝尔纳[J]. 科学学研究，1996(14)：75-79.

探索、认识自然现象和社会现象，揭示事物变化中的定量关系，为预测和规划事物的发展提供科学依据的方法。计量方法在自然科学的研究中早已得到广泛的应用和普遍的重视，并成为最基本的科学方法之一。从贝尔纳的早期工作可以看出，他一开始就非常重视科技计量学和科技情报学（科技信息计量学）研究。在这方面最大的成果是，贝尔纳运用数学来研究科学发展中人力、财力、物力的定量关系，并初步得出了指数增长的规律。贝尔纳曾经指出，20世纪科学发展的显著特征之一就是规模上的迅速增长。为了阐明科学增长的规律，评估各主要工业国家的科技实力，分析科研工作的效率，贝尔纳在《科学的社会功能》一书中，收集了他所能找到的统计数据，找到一系列在时间和空间上既具有可比性，又具有普适性的指标，率先使用了计量分析方法。对这些指标的处理和分析，事物的某种规律性就暴露出来了。贝尔纳当时选取的指标有在大学供职的各级教师的人数，在政府和工业部门供职的科学家的人数，适龄青年中大学生的比例，大学毕业生人数和获得博士学位的人数，科研经费的数量及其在国民收入中的比例，以及科学文献的数量。在贝尔纳工作的基础上，贝尔纳学派中坚人物之一的普赖斯提出了科学发展按指数增长的理论，成为科学学的重要基础理论。

　　贝尔纳认为，增长模式和结构模式作为对科学的自我认识，是建立科学空间整体感的必要手段。通过将科学作为一种现象来研究，目的就在于获得有力的立足点和取得具体的结果。如果将科学系统类比为有机生物体，对增长和结构模式的研究就是科学的生理学，它的任务是把科学活动按其各种组成和特征装配成模型。贝尔纳的结构模式和增长模式理论，以定量研究和理论模式为特点，建立在两个基础之上。一是指标的选择，依据社会学的方法，在现有的社会经济条件下，这些指标包括科学从业者（科学家）、科研组织、科学交流、科学经费。人员、组织、情报、经费是社会化的科学行为中最基本的构成要素，通过对这些指标的处理和分析，以便发现科学研究工作的规律性。二是量化分析，结构和增长指标的选择，一方面建立在将科学研究视为社会化行为的前提之上，另一方面所选择的这些指标都具有被量化的可能，量化指标最有可能被精确化，因而被视为科学理论数学化的表现。

在贝尔纳看来，以这种模式为基础的现阶段的科学，只是更高一级的科学的开始阶段，这种更高级的科学必然要考虑现阶段复杂的社会因素，如军事因素、威信因素、宇宙竞争等压力。从总的目的上看，科学地优化科学建构其最终目的就在于，使科学摆脱非理性的、随心所欲的政治权力支配的状况。因此，科学不仅要改变自身，也要有改变社会的责任感。[1]

3.2 以社会学的方法研究科学家内部社会

默顿是著名的社会学家，结构－功能分析方法是其擅长的研究方法。他着力于对科学内部的社会结构分析，属于微观的结构分析图式。他力图理解和解释科学内部的结构特征，论题包括科学界的分层，科学家的行为与伦理控制，科学家的社会关系，科学发展的结构与动力，以及评价过程的复杂问题等。目的是通过结构解释科学社会中的制度运行和互相联系。表现出十分明显的理论倾向。默顿的关注点在于探索科学家、科学共同体内部之间的发生、发展和变化关系，以增加对科学现象所具有的内在规律的认识。

---

[1]　肖娜.试论贝尔纳的科学观 [J].广东社会科学，2005(3)：80-81.

由于他在科学社会学理论中使用结构功能分析方法，使他对科学系统中的社会结构分析充满了功能主义的色彩。例如，就科学的社会性来说，默顿认为（研究主体）"在社会上所处的位置决定了看待事物的眼光，这又直接关系到知觉、信念和思想的形成"。由于"知觉起着信任作用"，"社会知觉是社会结构的产物"，是"人类关系结构的副产品和衍生物"。[1]因此，科学的社会性在于，社会已内化于科学研究主体的行为之中，而非泛泛地外在于他们的经验表象。结构功能主义认为社会是具有一定结构或组织化手段的系统，社会的各组成部分以有序的方式相互关联，并对社会整体发挥着必要的功能。整体是以平衡的状态存在着，任何部分的变化都会趋于新的平衡。这一思想在承认社会系统整体功能的同时，对组成社会整体系统的各个子系统也予以关注。

在默顿看来，功能分析既是解释社会现象的有效理论，也是一种收集资料的有效方法，是理论解释与方法运用的一种融合。默顿吸收了 B.K. 马林诺夫斯基在社会人类学中所倡导的功能主义思想和 Eacute、迪尔凯姆等人对社会进行结构分析的方法，建立了他的结构功能理论。他把社会看作是由各个部分组成的一个结构系统，各部分之间依某种相对稳定的形式结成一定的关系，这些关系表现为一定的功能并对社会现象有决定性影响。默顿所发展的结构功能分析方法被称为经验功能主义，它有三个特点。（1）把结果层次的功能分析转变为方法层次的功能分析；（2）把功能分析中理性主义的、抽象的方法转变为更具经验性的中层理论指导的方法；（3）把社会的静止图景转变

---

[1] ［美］R.K. 默顿. 论理论社会学 [M]. 何凡兴译. 北京：华夏出版社，1990：208-209.

为动态图景。

　　默顿提出了一整套功能分析的范式，包括十一个方面。（1）确定具有功能的各个社会要素（如角色、制度、组织等）；（2）主观意图（动机、目的）的前因后果；（3）社会结构运行的客观效果，并要区分正功能与负功能、显功能与潜功能；（4）功能所影响的各个部分；（5）功能必要条件；（6）满足功能的机制；（7）功能替代；（8）结构约束条件；（9）社会动态过程与社会变迁；（10）通过比较证实功能分析结论；（11）意识形态对功能分析的影响。正功能与负功能是指社会结构要素及其关系对于社会调整与社会适应是起帮助作用还是削弱作用；显功能是被社会系统内的参与者所认识到的并有意造成的客观作用，潜功能不是由社会成员有意造成并未被认识到的客观作用；功能替代是指某一结构组成部分可以具有多种功能，而同一功能也可由系统的不同部分所实现。

　　默顿是继帕森斯之后结构功能主义的又一位杰出代表，他在批判帕森斯的理论过程中建立起来的经验功能主义，被 L.A. 科瑟尔等人誉为最精致圆熟的功能主义；他的中层理论在理论框架与经验研究之间和认识意义与实践意义之间架起了桥梁，并把以前认为是毫无联系的一些实际研究方向沟通起来，为社会学各种理论方法学派提供了一个相互汇合的基础；他的科学社会学思想为该分支学科的形成和发展奠定了基础。他运用负功能和功能替代的观点对官僚机制的研究，对作为社会组织重要因素的职业问题，特别是对医学教育的社会学研究，以及根据社会的结构分析对社会失范与异常行为等问题的探讨，在学术界颇有影响。

　　从默顿的一系列研究成果上不难看出，通过结构功能分析方法等社会学方法的使用，使默顿的科学社会学既注重数据统计，又没有忽视经验基础上的理论分析。这种基本的研究视角使默顿科学社会学与重抽象思辨轻经验证据的科学哲学和重史料轻理论分析的科学史明确、严格的区分开来，对于科学社会学作为一门独立学科的诞生和发展的意义是非常重大的。

总之，"贝尔纳的科学观是自然历史主义的，它把科学刻画成动态的、整体性的、与社会互动的。默顿的科学观是理想主义的，具有实证主义哲学的基本认识论特点，它把科学描述成静态的、学科性的、累积的、客观的和可证实性的"。[1] 由于科学观的不同，贝尔纳与默顿在科学的社会研究中形成一个宏观、一个微观；一个动态、一个相对静态；彼此对立而又互补的两种研究进路，合起来就能看到关于科学与社会的完整图景。

二、科学的社会实践转向：不同于知识论的研究传统

知识论科学哲学遗忘了生活世界，不能解决社会以及科学当前面临的困难问题，回归生活世界是马克思以来的西方哲学或现代哲学的普遍趋向，也是现代或后现代的根本精神。在这种思维方式下，摒弃从外在的、抽象的事物出发规定世界、考察人的思维，走向现实的、活生生的人，走近人们每时每刻都可以经验到的生活。

贝尔纳正是在反叛这种脱离社会实践的知识论科学哲学传统的基

---

[1]　柏瑞平．科学社会学同基异构现象的社会形成 [J]．河海大学学报（哲学社会科学版），2009(4)：5-7．

础上，回归生活世界，关注作为社会实践的科学、与社会互动的科学、涉及终极关怀的科学，引领科学哲学回归生活世界。于光远先生也强调，科学技术哲学"不应该限于一般的、抽象的思辨，而是要去做特殊的具体的研究，向着实践的方向前进，直到在实践生活中显示出这种研究的重要意义"。[1] 作为实践的科学的本意就应该包括科学的社会实践，虽然贝尔纳并没有明确地使用科学的社会实践转向这样的术语。研究贝尔纳科学学不仅应该挖掘贝尔纳思想的历史意义，更应该挖掘其思想的现实意义，让历史照进现实。

1. 反叛脱离实践的知识论哲学传统

贝尔纳认为，知识论的科学哲学传统脱离了现实实践。逻辑学派和实证学派的研究方向只是单一地考虑知识的形成与知识的确认，并没有将知识的获得和人类社会的发展很好的联系在一起。仅仅关注作为知识的科学，这样的科学与社会之间始终存在一个鸿沟。如贝尔纳所说，逻辑学派"在从哲学中摒弃了除纯粹形式的成分以外的一切，自然一开始就阻止了哲学对人类事务和信仰产生某种影响；但是他们甚至也达不到一个更有限的目标，就是帮助澄清科学知识的基础，能使现时的理论被证实有助于将来发现新理论"。[2] "实证主义虽然拒斥形而上学，但仍然深信外在于人的客观世界的存在。"[3] "实证主义立场的主要弱点——这也是与逻辑学派共同的——就是避免与社会及经济的现实有任何接触。他们既把自然科学的语言所不能表达的一切标

[1] 于光远.一个哲学学派正在中国兴起 [M].江西科技出版社，1996：5.

[2] ［英］J.D. 贝尔纳.科学与社会 [M].北京：三联书店出版社，1956：27.

[3] 李文阁.回归现实生活世界 [M].北京：中国社会科学出版社，2002：5.

明为'形而上学'，并任其只受感情的判断，从而完全脱离了现代最有决定意义的各种行动。"[1] 虽然，在这里贝尔纳对实证主义以及逻辑学派的批判是不彻底的，但是贝尔纳对西方科学哲学脱离了现实的人类社会而独自发展这一点的认识是非常正确且有历史意义的。贝尔纳之所以能看到脱离社会实践的哲学的危害主要有两个方面的原因。一方面源于他对自己所处时代科学应用的现实性问题即法西斯主义战争对人类危害的认识，另一方面源于马克思主义对贝尔纳的影响。

贝尔纳的一生经历了两次世界大战，目睹了战争对人类的伤害。"在他的童年和青年时代，他的故乡爱尔兰和英国之间不断发生的战争以及发生在欧洲的第一次世界大战，让曾和他在一起度过美好时光的亲友丧失了生命。"[2] 尤其是世界大战的爆发使人们怀疑号称可以为人类谋福利的科学与技术怎么变成了杀人的工具，甚至怀疑科学技术存在的价值。有些科学家对挽救人性感到完全绝望而放弃科学事业。另外一些科学家则更加潜心从事实际科学工作，根本不去考虑对社会所产生的一切后果，因为他们已经事先知道这些后果可能是有害的。贝尔纳采取的是积极的态度，他既无法放弃自己醉心的科学事业，也不能做到对科学后果熟视无睹。在他的科学学奠基性著作《科学的社会功能》序言中，贝尔纳说到："人们过去总是认为科学研究的成果会导致生活条件的不断改善。先是世界大战，接着是经济危机，都说明把科学用于破坏和浪费的目的也同样是很容易的……"[3] 贝尔纳勇

[1] ［英］J.D. 贝尔纳.科学与社会[M].北京：三联书店出版社，1956：28.

[2] Andrew Brown. J. D. Bernal, The Sage of Science, Oxford University Press, 2005：89.

[3] ［英］J.D. 贝尔纳.科学的社会功能[M].陈体芳译.桂林：广西师范大学出版社，2003：1.

敢地面对对科学的质疑。他把科学看作社会建制，并把这种建制放入社会之中，探讨科学家个人或科学共同体对这一状况应负的责任，并且提出科学可以理性发展，科学可以造福于人类。

贝尔纳认为传统科学哲学学派大多时候关注作为知识的科学，不是科学与现实世界的关系，因而不能解决社会以及科学当前面临的困难问题，甚至连做出解释也做不到。"只是在大学中教一些精致的和完全无用的哲学。"[1] 由于战争"官方哲学"已经渐趋没落，在一些国家甚至被"空虚观念或神秘主义"所替代。贝尔纳所言的"官方哲学"主要是指两个基本的学派，即逻辑学派和实证学派。造成如此局面的原因主要是由于"官方哲学早已不关心人们真正感兴趣的问题，甚至把这种不关心引为自己的骄傲"。[2] 贝尔纳认为法西斯主义之所以能够横行于世，主要是因为学院哲学在资本主义后期的破产，而走向了另一个极端。在一种信仰的盲从之中，人们不知不觉地陷入了另一种悲哀，在这种悲哀之中，西方旧有的传统被打破，甚至人的生命遭到了藐视，人类走在迷惘的丛林之中失去了前进的方向。不过，贝尔纳在一片茫然之间看到了一线曙光，他认为马克思主义哲学是一种新的哲学，在辩证唯物主义的引导下，人们有望摆脱那些精致而无用的哲学不能应付变化的局面的状况。

鉴于对马克思主义的深刻理解，贝尔纳认为马克思主义哲学第一次说明了人类社会的变异性。在研究人类社会中，马克思主义认为社会生产力和生产关系构成了一对相互作用的，左右着人类社会进展的关系。当然，其中物质世界是人类社会发展的基础，在此基

---

[1] ［英］J.D. 贝尔纳. 科学与社会 [M]. 北京：三联书店出版社，1956：25.
[2] ［英］J.D. 贝尔纳. 科学与社会 [M]. 北京：三联书店出版社，1956：26.

础之上，社会生产关系不仅涉及经济的和法律的形式，也涉及属于社会上层建筑的科学、艺术和宗教的全部思想体系。社会生产力和生产关系的相互作用不但包含着过去也显现着现在，它涉及人类的全部经验。这样，贝尔纳认为马克思主义哲学解决了以往旧有哲学"不能应付变化的局面"的问题。马克思主义是关于实践的哲学，实践性是马克思主义哲学的基础，在马克思主义的影响下，贝尔纳形成了自己的实践科学观。他认为科学作为上层建筑的重要组成部分，自然应该为社会服务。可以说贝尔纳正是借由这一点找到了科学与社会之间联系的纽带。

马克思主义是实践的哲学，强调知识与行动的结合，这使马克思的哲学成为"一种具有预见性的哲学"。[1]正是在马克思主义思想的影响下，贝尔纳认识到科学应该与社会紧密相连，科学不只是关于自然的知识，科学还具有社会功能。贝尔纳认为马克思主义也是一种科学，马克思主义的核心思想是实践，在实践的基础上知识要与行动相结合。仅仅关注作为知识的科学，与社会之间始终存在鸿沟。贝尔纳认识到西方科学哲学是脱离了现实人类社会的学院派哲学，这一点非常正确且有先见之明。

科学的危机在贝尔纳那个时代刚刚表现出来，今天的科学危机从认识论危机转变成了另外一种形式，而这种形式比科学的认识论危机更加令人心惊胆战，因为科学在今天的发展也带来了人类自身生存的危机，这才是人类必须面对的问题。关注作为社会实践的科学，正是贝尔纳科学学的特点。科学学将科学作为严格的整体来研究，是一门以科学本身为研究对象的新学科，它探讨科学的社会性质、

[1]　[英] J. D. 贝尔纳. 科学与社会 [M]. 北京：三联书店出版社，1956：34.

作用和发展规律，以及科学的体系结构、规划、管理和政策等问题。在这一点上，贝尔纳不但反叛了脱离实践的科学哲学传统，而且即便放在当代科学哲学实践转向中来看，依然具有不可磨灭的现实意义。因为他揭示的是科学的社会实践之维，引领科学哲学向生活世界回归。

2. 转向作为社会实践的科学

贝尔纳开创广义的科学社会研究传统，宏观多维透视作为社会实践的科学，"涉及科学的过去、现在和未来，而且关乎与科学相联系的其他领域，贝尔纳眼中的科学是具有时间整体感和空间整体感的动态发展过程"。[1] 贝尔纳历史地、具体地、开放地、涉及终极关怀地看待科学究竟是什么，始终把科学放于社会实践之中，研究科学的社会影响、科学的社会功能以及如何引导科学的社会实践使其造福于人类。

关注作为社会实践的科学的核心，是把科学与社会看作一个互动发展的整体。社会科学化、科学社会化是贝尔纳科学学理论要旨的精确概括。科学是改造社会的主要力量，社会随着科学的发展不断发生表面上，进而实质上的一系列变化，即社会科学化的过程。而且这种改造不仅在物质层面，甚至会深入改变社会中人们的观念，成为新观念的来源。与此同时进行的一个过程是科学也在社会化，表现在由于科学与社会之间的不可分离性，科学必然是对不断变化的社会历史现状的一个抽象，社会现实性要求科学时刻根据社会要求而不仅仅是根

---

[1] 张雁.贝尔纳与默顿：科学社会研究的两种进路[J].科学学与科学技术管理，2010(7).

据自身的理论或逻辑的要求来改变自己的方向，创新自己的体系。而且为了推动科学的发展，防止科学的滥用，科学也需要接受社会对其发展的制约。要解决时代面临的问题，必须对社会进行科学改造，贝尔纳坚信科学可以造福于人类。但必须更新认识和规划科学的社会实践，把科学放于社会语境之中。要使其发挥正面功能，就必须改变现在的科学教育观，使公众真正理解科学；同时强调对科学的规划，制约科学的非理性发展；参与和平运动，防止科学滥用。使科学造福于人类。

　　哲学是反思、批判，是要寻找意义的。社会实践中的科学一定会涉及科学的最终目的即科学的终极关怀，这就使贝尔纳科学学具有了一定的哲学意蕴。终极关怀源于人是一种有限而追求无限的存在物，是对宇宙、人生形而上层次的思考，是对生命意义的终极追问。反观现实生活，人们并没有因为科学技术发展而过上舒适自足、有价值的生活，反而因为科学的非理性应用而备受战争的苦难。回归生活世界的本质是为解决人自身的问题，是向人自身的回归，是一种人本主义。科学是人对包括人在内的自然的认识，那么科学之中就有着人的影子，科学也就应该将人类的利益放在最高位置，当然这种利益是全人类最根本的利益。涉及终极关怀正是贝尔纳科学学与传统科学哲学的区别之一。

　　关注作为社会实践的科学，也是贝尔纳创立的科学学与默顿的科学社会学以及传统科学哲学最大的区别。"贝尔纳的科学观是自然历史主义的，它把科学刻画成动态的、整体性的、与社会互动的。默顿的科学观是理想主义的，具有实证主义哲学的基本认识论特点，它把科学描述成静态的、学科性的、累积的、客观的和可证实性的。"[1] 默顿在其博士论文《十七世纪英格兰的科学、技术和社会》中首次提出了科学作为一个系统有其独特的价值观的观点，并对科学系统进行了全面的社会学分析。默顿将科学的社会性理解成与马克斯·韦伯所言的资本主义精神一样的精神气质。他认为正是由于科学具有这样一种精神气质，从而把从事科学活动的人联系起来。在科学的精神气质的基础之上，科学家们形成了自己的科学良心和科学规范。贝尔纳则以科学与社会的关系为出发点，认为科学与社会之间是相互作用，它们不只是通过物质关系体现出来，而且科学诸观念已经深深地影响了人类的思想和行为。他又通过对科学的阶级性问题的阐述进一步揭示了科学的社会本质，科学不仅具有自然性的本质，科学还具有社会性。对科学的社会本质的揭示是贝尔纳科学学思想的立论基础。贝尔纳对科学本质的揭示，不仅具有历史意义而且具有现实意义。当代美国科学促进会对科学本质的表述，"科学事业是一项复杂的社会性活动"，[2] 社会性仍被认为是现代科学重要的本质之一。

可见，贝尔纳不是沿着西方哲学家们的足迹就哲学而研究哲学，而是从作为知识的科学转向作为社会实践的科学，在人们的社会生活实践中探讨科学的社会问题，以此来寻找科学造福于人类的发展之路。这条研究道路是受到了马克思的启发，正如马克思当年所强调的那样：实践只有被理解为感性活动时才具有改造对象的现实力量。"科学知

[1] 柏瑞平. 科学社会学同基异构现象的社会形成 [J]. 河海大学学报（哲学社会科学版），2009(4)：5-7.

[2] 王晶莹. 欧美理科教育中科学本质观的研究综述 [J]. 理工高教研究，2007(10)：11-13.

识不仅仅是对实在世界的'表象'，只有当它首先被理解成一种介入并改造对象的活动时，才有理由宣布'知识就是力量'"。[1]马克思所理解的生活世界是以实践为基础的物质生活与精神生活、日常生活与非日常生活的统一。仅仅关注作为知识的科学，与社会之间始终存在鸿沟。贝尔纳关注作为社会实践的科学，让科学回归社会，回归生活世界，从而解决科学以及人类自身的危机。

3. 引领科学哲学回归生活世界

贝尔纳科学学反叛脱离实践、脱离现实生活的哲学传统，转向作为社会实践的科学。在此意义上可以说，贝尔纳开辟了科学哲学社会实践转向。社会实践泛指人的生活方式和存在方式，所以，站在西方哲学由近代哲学向现代哲学转折的视角来看，贝尔纳正是借由科学的社会实践转向，引领科学哲学回归生活世界。

西方哲学自诞生至今的两次历史转向——由最初的古希腊本体论哲学到近代的知识论哲学，再到当代的存在论哲学，即回归生活世界。"从马克思开始，西方哲学便开始了一个转折，且是一个根本性的转折，是认识视野或哲学视野的根本置换。这一转折即是由近代的科学世界观向现代的生活世界观回归。"[2]正如高清海教授所指出的："不论现代哲学区分为多少不同的派别，在对待世界的态度、看待世界的方式中，都已不再把前定的本质、永恒的原则、外在的权威作为理论的前提，它们面向的是人生活其中的现实世界，注重的是事物对人的

---

[1] 盛晓明.从科学的社会研究到科学的文化研究[J].自然辩证法研究，2003(2)：15.

[2] 李文阁.回归现实生活世界[M].北京：中国社会科学出版社，2002：8.

价值关系。"[1] 当代的转向体现了"现代西方哲学对'生活世界'的普遍呼唤与集体回归……哲学的'人学'内蕴被进一步彰显出来"。[2]

贝尔纳关注作为社会实践的科学，即科学作为一个整体在现实生活世界的应用。引领科学哲学由近代的科学世界观向现代的生活世界观回归。回归生活世界是哲学视野的根本转换。人直接生活于生活世界，不存在回归的问题。需要回归的是对世界的态度和观念，是人们的思维方式，是哲学。回归即是从一种抽象的哲学思维方式回归到保持生活朴素性的思维方式。然而令人遗憾的是，贝尔纳在科学哲学回归生活世界中的作用被有意无意地遗忘了，遗忘贝尔纳其实是遗忘了科学的社会实践之维。

贝尔纳反叛知识论哲学传统，回归生活世界的原因在于，近代知识论哲学的基础主客二分模式难以解决现实社会中人们面临的问题，回归到人生活实践的基础生活世界就摆脱了这一难题；近代知识论哲学以科学为榜样，但科学日益暴露出局限性，因而要求回到科学世界的基础生活世界，超越科学主义；近代知识论哲学认为知识高于生活，为了求知而遗忘了人和人的生存，现代哲学认为生活高于知识，知识必须以生活作为根基。通过回归到生活世界，消解知识论哲学中人与世界的对立，达到生活实践中人与世界和谐统一的关系。对贝尔纳而言，只有转向科学的社会实践，回归生活世界，才能解决科学在战争中的非理性应用，使科学造福于人类。对贝尔纳而言，这种回归是自然的，也是必然的。

---

[1] 高清海.高清海文选.第一卷.吉林人民出版社，1997：83.

[2] 邹广文.回归生活世界—哲学与我们时代的人生境遇 [J].杭州师范学院学报（社会科学版），2005(6)：2.

科学哲学中所发生的"语用学的转向"是转向语言在生活中意义的分析，本质上也是向生活的转向，是由科学世界向生活世界的回归。"科学分析哲学家们不再孤立地、理性地考察科学的发展，而是历史地、现实地看待之，将其与科学家的生活、欲望、追求，与具体的社会环境关联起来。"[1] 所有这些表明，科学哲学也逐渐显露出其向生活世界回归的本色。如胡塞尔所言："19 世纪与 20 世纪之交，对科学的总体估价出现了转变，这里涉及的不是各门科学的科学性，而是各门科学或一般的科学对于人生意味着什么，并能意味着什么。"[2] 现代哲学对意义问题探讨的根本是对生活的探讨，是对人生活于其中的价值世界、意义世界或生活世界的分析。

然而，20 世纪 90 年代开始的科学哲学实践转向，并不是真正意义上的科学哲学回归生活世界，而是关注作为实践建构的科学，即在科学实践活动中知识的产生、形成与传播。侧重点是科学知识的产生与形成中实践的作用。客观地评价以皮克林为代表的科学哲学实践转向，可以发现他的科学实践观，对科学知识与世界之间关系问题的回答上，虽然超出了反映论的框架，但他关注的依然不是知识与现实世界的关系，而是知识与人类所建构的世界之间的实践关系。并没有真正回归生活世界，某种程度上甚至可以说皮克林又回归到了西方知识论传统对科学知识形成的关注，也再次说明西方知识论传统强大的生命力。

科学哲学从关注作为知识的科学转向关注作为实践的科学之后，这种立场的转变，即把科学视为一种实践活动，应该"意味着认识科学和科学家活动的范式的转换，这不仅包括对传统科学观视野中的问

---

[1]　李文阁 . 回归现实生活世界 [M]. 北京：中国社会科学出版社，2002：87.

[2]　[德] 胡塞尔 . 欧洲科学危机和超验现象学 [M]. 上海译文出版社，1988：5.

题的新认识，也包括发现新问题，改变对不同问题重要程度的理解。"[1]
所以，实践转向后的科学哲学不仅关注实验室中的科学活动，更应该
掀起一场研究范式的转换，关注"实验室与其外部的社会与文化环境
的相互作用，在科学实践中，各式各样自然物、社会关系、地域因素、
传统文化资源、科学仪器等的介入，使最终的科学理论是这些因素在
科学实践中不断相互博弈的结果"。[2] 在对科学哲学实践转向的这种开
放性理解中，"自然与社会、物质与人类、自然科学与社会科学之间
的界线消失了，从而进入一种后人文主义阶段"。[3] 只有这种范式的
转换，才回到了实践的本来意义，才真正回归到了生活世界。然而，
在 20 世纪 90 年代科学哲学实践转向中，作为实践的科学竟然不包括
科学的社会实践，因而这种所谓的实践转向是不彻底的。

为什么这么说呢？因为在很长时间里，实践是被误用的一个词汇。
在传统哲学研究中，虽然有实践的概念，但实践被认为是一个认识论
的概念，即通过实践获得认识，又回到实践检验认识的过程，实践在
这里被贬低为认识的手段。其实，实践是更为根本的，它既是认识论
的概念，还是一个本体论的概念，而且只有通过实践才能达到本体论
与认识论的统一。实践比"文化"概念还要广泛，泛指人的生活方式
和存在方式，是一切人类活动的基础和源泉。所以，科学哲学实践转
向应当包括科学与其外部社会的相互作用，即应该包括科学的社会实
践之维，这才是真正意义上向生活世界的回归。

作为科学家出身的贝尔纳，本来就有科学家注重实践的特点，他

---

[1] 李正风."实践建构论"与理解科学的新视野 [J]. 自然辩证法研究，2007(7)：4.

[2] 蔡仲. 从社会建构到科学实践 [J]. 科学技术与辩证法，2007(8)：53.

[3] 蔡仲. 从社会建构到科学实践 [J]. 科学技术与辩证法，2007(8)：53.

注意到了科学在和平时代以及在战争中的应用对人类生活的巨大影响，重视科学的社会功能的发挥是贝尔纳思想的全部精髓。贝尔纳在对科学的反身性研究中，把科学放入社会生活之中，在社会实践中历史地、具体地把握科学的社会功能，开辟了科学哲学的社会实践转向。

可以说，皮克林虽然是动态地、实践地、语境化地看待科学，可他关注的焦点依然是"在演化中发现和探讨科学的真正本质"，[1] 不涉及科学与社会的互动以及科学的终极关怀。行动者网络理论（ANT）"以事实说明真正从事科学的人们并不都坐在实验室里，相反，实验室科学家的存在只是因为有更多的人在实验室以外的其他地方从事科学"。[2] 社会才是科学活动可行的真正基础和深层原因。在《创制中的科学》一书中，拉图尔注意到总有一部分科学家不停地在实验室"外部"活动，与学术界同行、政府官员、生产部门、用户、传媒、公众交往密切。"这些联系直接影响甚至决定着内部研究工作。其实，科学知识之所以有力量并非因为它自身就是真理，而是因为它能从社会中发掘出并调动起各种建构与辩护的资源。"[3] 贝尔纳所处的时代，科学面临存废问题，他正是在实验室"外部"，即生活世界不停活动的人，他努力地从社会中调动起各种辩护与建构的资源为科学辩护。他的《科学的社会功能》就是对一般的学院式的社会科学的扩大，而且他身体力行积极参加和平运动，防止科学的滥用，成为科学家同行

[1]　王娜，吴彤. 皮克林的科学实践观初探 [J]. 自然辩证法研究，2006(7)：33-36.

[2]　黄瑞雄. 从 SSK 科学观的演进看 STS 的实践化转向 [J]. 科学技术与辩证法，2005(6)：52.

[3]　盛晓明. 从科学的社会研究到科学的文化研究 [J]. 自然辩证法研究，2003(2)：18.

的表率，践行了使科学造福于人类的理想。

在贝尔纳身后，STS 承接了贝尔纳对科学的社会实践的关注，回归现实生活世界，展开对科学、技术与社会的全方位研究。"STS 的一个核心观点是，所有科学技术活动都不是与世界隔绝的，而是在特定的社会语境、政治语境和经济语境中进行的。所以，如果我们想了解现代社会中正在发生着什么，我们必须了解科学技术是如何影响社会的。同时，我们必须了解社会又是如何影响科学技术的。" [1]

"通过知识论走向存在论，回归到生活世界，哲学的功能不再仅仅是给人们提供确定的知识，而且它还要成为指导人们更好地生活的艺术。它要引导人与周围世界和谐相处，达到一种高远广阔的人生境界。" [2] 然而令人遗憾的是，长期以来贝尔纳在科学哲学回归生活世界中的作用被有意无意地遗忘了。关注科学的社会实践，使科学造福于人类，正是贝尔纳科学学的核心，某种程度上甚至可以说，贝尔纳是科学哲学回归生活世界的先驱。

三、科学社会实践的时空扫描

产生于一定社会历史条件下的科学，毕竟会刻上时代的烙印。这种时代烙印正是科学的历史性和地方性，也印证了科学的社会实践性。如果说科学的历史性和地方性分别表述了科学发展的时间性

---

[1] ［澳］布里奇斯托克（M.Bridgstock）等著．科学技术与社会导论 [M].刘立等译．北京：清华大学出版社，2005：8.

[2] 韩文君．回归生活世界的哲学 [J].社会科学辑刊，2005(4)：20.

和空间性，那么科学的开放性则展现科学在时空中的运动变化，这种运动变化过程恰好是科学的社会实践过程。"使人们能够把科学当作一种变化着的、现实的、物质的、社会世界的一部分，而不再把它当作静止和孤立的完美体。他展现给我们的是活生生的科学实践图景。"[1]

1. 历史性：科学社会实践的时间性

对于贝尔纳其人，首先应该把他看作是一位著名的科学家。在分子生物学方面独到见解使他成为一位很有影响力的自然科学家，他对蛋白质的认识和研究无疑对后来生命科学的发展有着非常重要的影响。由于他在 X 射线结晶学方面的开创性工作，使他成为英国皇家学会会员。其次，《科学的社会功能》的出版及其影响无疑使作为科学家的贝尔纳的学术范围从自然科学触及到科学哲学和社会科学领域，这也是本书一直在阐述的主题，科学学构成了贝尔纳历史贡献的重要组成部分。也由于贝尔纳在科学学方面的贡献及其深远影响，反而使贝尔纳在自然科学方面的成就显得不那么为人所熟知。值得注意的是，在叙述贝尔纳学术上的成就时，对于《历史上的科学》（The science in history）是不能够被遗忘的。这本书表现出贝尔纳在科学技术史研究中开创了一种有别于他人的路径，即把科学放于社会历史之中，"叙述科学作为一种与社会和经济情况有关的机构的历史。"[2] 这种路径被认为标志着科学史研究的外史转向。

---

[1]　韩来平.贝尔纳科学政治学思想研究 [D].山西大学，2007：43.

[2]　[英] J.D.贝尔纳.历史上的科学 [M].伍况甫等译.北京：科学出版社，1981：17.

贝尔纳的科学史观是他的科学观的延续，他的《历史上的科学》也应该是《科学的社会功能》的延续。在《历史上的科学》中，贝尔纳基本上是按照三个时期来讲述科学的历史性。首先是封建制社会之前的科学史，包括原始社会和奴隶社会两个历史时期。科学的发展总有个源头，贝尔纳认为寻找科学的起源应该从人性本身找出问题的根结，而人和禽兽之间第一也是最基本的区别就是人能够构成物质文化永续发展的社会。贝尔纳认为科学的起源还有它的阶级性根源，因为如果说科学的起源与宗教之间有着密切的联系，那么宗教和科学之间的关系将会体现在特权的表现上，而这种特权深层次的意义也就是它的社会性。显然从科学的起源上看，科学与社会之间有着割舍不断的联系，从这里可以看出贝尔纳研究科学的出发点，是将科学放进社会历史的大环境之中来理解，即强调科学的语境性、历史性，这正是实践科学观的主要方法论。

古希腊的科学与哲学无疑影响着西方科学发展道路，希腊科学与它的城邦政治、经济制度是相互联结的，这一点贝尔纳在他的科学史中作了详尽的论述。即使到了后希腊时代，不论是马其顿王国还是罗马时代的科学都与社会发展紧密相连，"希腊化国家的马其顿统治者是在希腊学术威信的气氛中培植的，对希腊学术的一切分支，不仅认可还予以鼓励"。所以贝尔纳认为对于受希腊文化影响之深的马其顿"主要受惠毋宁是希腊科学，而是希腊文学或哲学"。[1] 科学的发展到了罗马时代渐渐的衰落了，衰落的原因当然不是科学自身出了问题，贝尔纳认为症结在于古罗马自己的经济制度，"它过于根深蒂固，不

---

[1]［英］J.D. 贝尔纳. 历史上的科学 [M]. 伍况甫等译. 北京：科学出版社，1981：121.

能有效地利用科学"。[1] 可见，只有历史地、社会语境地看待科学，才能了解科学的本质。

贝尔纳认为科学发展的第二阶段属于封建时代，这一阶段跨度比较长，他将这一时代的科学称之为"信仰时代的科学"。在资本主义发展之前很长的历史时期，欧洲处在基督教统治之下，贝尔纳认为这个时代的科学当然是和宗教联系在一起的。在这个时代，"封建制度下的经济，在技术和经济上都比其所取代的那种经济更片面、更幼稚，因此不甚需要一些彻底新的知识形态"。[2] 显然，依据贝尔纳的思想，在这个时代社会政治、经济都受到了宗教的左右和束缚，那么与社会、经济紧密相连的科学当然也会受到宗教的影响，所以贝尔纳说在封建制度下是不能发展这种形态的，这里的形态指的是知识形态，当然是科学的另一种表述了。

第三阶段是指历史过渡到资本主义社会。贝尔纳认为近代科学是在资本主义社会中产生出来的，因为各种技术和科学事业的进展在越来越不稳定的封建制度下，形成了一种迟缓然而逐步加速的运动。在他本身和经济后果方面都为更替为下一步的社会形式资本主义铺好了进路。如果说在封建时代是社会、经济制度阻碍和约束了科学的进步与发展，那么可以说科学的进步在促使社会向更有利于科学自身发展的社会制度进发。所以，科学的历史性正好表现为科学与社会之间的相互作用。科学从属于那些历史地决定了的社会因素，因为知识的价

---

[1] ［英］J.D. 贝尔纳.历史上的科学 [M].伍况甫等译.北京：科学出版社，1981：131.

[2] ［英］J.D. 贝尔纳.历史上的科学 [M].伍况甫等译.北京：科学出版社，1981：145.

值（包括文化价值），存在于知识的应用之中，因而，纯科学与科学的应用不可能做出严格的区分。

2. 地方性：科学社会实践的空间性

如果说科学的历史性展现的是科学的时间性，科学的地方性则展现了科学的空间性、多元性，即科学空间发展的不平衡。贝尔纳历史主义的科学观，承认科学发展的不平衡，以多元化的视角审视科学。

贝尔纳认为："现代科学的主流从巴比伦人传到希腊人，又从希腊人传到阿拉伯人，再从阿拉伯人传到法兰克人。"[1] 这段历史在说明科学国际性的同时，也让我们从科学发展史的角度看到了科学的地方性。科学地方性的决定性因素是，整个科学界分裂为若干在外部由于语言障碍而相对隔绝，在内部则可以相互理解的区域。这个通用语言的问题在科学界的地方性和现代民族国家形成的过程中都起了相当作用。更重要的因素是科学的民族特点以及各国的科学和社会之间存在的各种不同关系。

李约瑟是著名的生物化学家、汉学家、科学史家，是贝尔纳学派的代表人物之一。他长期致力于研究中国古代科技史，是系统研究中国科学通史的开山鼻祖，所著《中国的科学与文明》（即《中国科学技术史》）对现代中西文化交流影响深远，突出中华传统科技的文化内涵。他的工作打开了国际社会对中国科技史的研究和重视，使其成为重要的国际学术。普赖斯在评价李约瑟的贡献时感慨地说："就是对于西方各国的科学技术史，也没有人做过如此巨大的综合研究。""他

---

[1] ［英］J.D. 贝尔纳. 科学的社会功能 [M]. 陈体芳译. 桂林：广西师范大学出版社，2003：226.

在两种文明之间架设桥梁，这种工作从来没有人尝试过[1]。"

1937 年，在鲁桂珍等三名中国留学生的影响下，李约瑟皈依于中国古代文明，转而研究中国古代科学、技术与医学。1942 年秋，受英国皇家学会之命，前来中国援助战时科学与教育机构。在华四年，李约瑟广泛考察和研究中国历代的文化遗迹与典籍，为他日后撰写《中国科学技术史》作了准备。1948 年返回剑桥，先后在中国助手王铃博士和鲁桂珍博士的协助下，开始编写系列巨著《中国科学技术史》。

李约瑟先后八次到中国考察旅行，大规模搜集中国科技史资料，实地了解新中国的政治、经济、科学和文化的发展情况。1954 年，李约瑟出版了《中国科学技术史》第一卷，轰动西方汉学界。他在这部计有 34 分册的系列巨著中，以浩瀚的史料、确凿的证据向世界表明，中国文明在科学技术史上曾起过从来没有被认识到的巨大作用，在现代科学技术登场前 10 多个世纪，中国在科技和知识方面的积累远胜于西方。李约瑟的研究成果也表明，在广义的空间和时间之上，在东方社会"亚细亚生产方式"的作用下，产生了多种与同时期西欧社会具有本质区别的科学观念。

虽然李约瑟也尊重科学的地方性，但研究李约瑟的科学史观，可以发现李约瑟坚持一种一元连续的科学史观，并清楚地为我们描述了一幅这样的图景："我想我们大家一般都同意只有一元化的自然科学，在各个人类集团的世世代代的努力下，即使是很多的，但还是或多或少地靠拢起来，或多或少地持续地建立了一元化的自然科学，这就是我们期望追踪出一个完全的连贯性，从古代巴比伦、埃及天文学、医

---

[1]　席泽宗.杰出科学史家李约瑟[J].中国科技史料，1994，(3)：35-39.

学的最初起源，经过中世纪中国、印度、阿拉伯和古典时代西方世界自然知识的发达，一直到后来欧洲文艺复兴时代的突破……一切科学都清楚地包含了一种思想上的连贯性。"[1]他坚持科学是唯一真正进步的事业，并坚持科学发展的连续性观点，他把古代和中世纪科学同近代科学作了区分。明确提出要坚持近代科学标准："为了编写科学史，我们必须把近代科学作为我们的尺码。"[2]每次提到近代科学的定义，他都会强调指出那仅仅是近代科学的定义，而并没有将其推广于整个科学史。可见他依然尊重各国科学的地方性特征。他认为古代和中世纪科学同近代科学相比，显然有着不同的性质。李约瑟建立了一种世界科学的科学史观。从科学产生之时起，世界上各个文明的科学便作为一个整体而存在。在历史发展的进程中，那些不同文明的科学汇合在一起并最终导致了近代科学的诞生。李约瑟把世界科学的发展形象地描述为一个"朝宗于海"的过程："完全可以认为，不同文明的古老的科学细流，正像江河一样奔向近代科学的大海。"[3]

贝尔纳则不同，他承认科学的地方性和多元性。在他的描述中可以看到不同国家不同程度的科学发展。"第一，是具有长期科学和工业历史的工业国的科学，不论它们是英国、法国、德国和意大利这样的世界大国，还是荷兰和瑞士这样较小的，但在历史上却对科学知识的发展有过同样重要贡献的国家。第二，是美国、日本和苏联这样最近才大规模实现工业化的国家的科学。第三，我们必须注意到欧洲和

---

[1] 李约瑟. 近代科技史作者纵横谈 [J]. 社会科学战线，1979(3).

[2] 李约瑟. 近代科技史作者纵横谈 [J]. 社会科学战线，1979(3).

[3] 李约瑟. "世界科学的演进". 潘吉星主编. 李约瑟文集 [M]. 辽宁科技出版社，1986：195.

亚洲以农业为主的落后国家的科学发展。由于资本主义和社会主义经济中科学与社会之间截然不同的关系，把苏联划出并且另外单独加以研究实际上是比较方便的。"[1]

3. 开放性：科学社会实践的时空形相

科学的开放性则展现的恰好是科学的社会实践过程。科学的开放性主要表现在三个方面。

首先，从科学的定义上看，贝尔纳引用《道德经》中："道，可道；非常道。名，可名；非常名。"来说明科学也和"道"一样，在一定的结构内永无休止地变化，过于刻板的定义会使其精神实质受到遏制，因此，无需对其下一个严格的定义。贝尔纳从历史经验出发，认为科学的历史悠久，在历史过程之中它所经历的变化之多，以致它往往都和其他社会活动相连结，因此，企图建立定义的尝试尽管很多，但只能多少不完满地表现整个生长过程中某一时期所存在的形相之一，而且往往只是一个不重要的形相。 科学只能是独特的不能重演的社会进化过程中不能分割的一部分，不管哪一种充足的完全的定义，对于它都不完全适用，它必然会随着时间与空间的演化而改变。不同于其他摒弃科学定义的非理性主义者和相对主义者，贝尔纳认为科学的相对性并非仅仅具有否定意义，同时也具有积极的、建构的价值。这种科学观上的革命性在于将科学本身视作一个建构过程。由此可见，科学是一种动态发展的过程，没有固定不变的模式，也没有终点，因而，也没有统一的定义。

---

[1] ［英］J.D. 贝尔纳 . 科学的社会功能 [M]. 陈体芳译 . 桂林：广西师范大学出版社，2003：321.

其次，科学作为一种累积的知识体系，具有动态开放性。贝尔纳认为，在任何一个历史的横断面中，科学总是由相应的方法、传统等抽象因素和仪器、实验、定律、假设和理论等现实因素组成，因而，它必然是特定时代的社会知识系统。更为重要的是，贝尔纳抛弃了传统的静态的认识论模式，更强调科学的动态开放性。贝尔纳更倾向于认为，科学是人类所知的事物中最客观的，但从它的形成过程和它作为追求的目标来看，却是主观的、开放的。因此，贝尔纳认为，科学是一种动态开放的体系，有多种不同的形态，它是随历史的变化而变化的。

此外，在贝尔纳看来，科学的开放性还表现在它的创新性上。贝尔纳认为："科学远远不仅是许多已知的事实、定律和理论的总汇，而是许多新事实新定律和新理论的连续不断地发现。它所批判的以及常常推毁的东西同它所建造的东西一样多。"[1]由于科学的特殊性，"它是主要地关于如何去做事情，它所论及的是从事实上和经验上积累得来的一堆知识，它更是最早最前从生产方法也就是供给人类需要的种种技术的了解控制和转变上发生的"。[2]科学和社会间的不可分离性，它必然是对不断变化的社会历史现状的一个抽象，这种社会现实性要求科学时刻根据社会要求而不是自身的理论或逻辑要求来改变自己的方向，创新自己的体系。科学知识体系的完整性就在于它的开放性，因为科学的种种指示被人遵循时，科学才算完整，故而科学与社会实

[1] ［英］J. D. 贝尔纳. 历史上的科学 [M]. 伍况甫等译. 北京：科学出版社，1981：15.

[2] ［英］J. D. 贝尔纳. 历史上的科学 [M]. 伍况甫等译. 北京：科学出版社，1981：13.

践，科学与技术密切联系不可分割。在这个意义上，科学革命是开放的知识体系中最重要的因素，而这种革命则肯定是从实践层面上产生的。贝尔纳引用汤姆逊的话说："实用科学上的研究工作导致种种改进，而纯粹科学上的研究工作就将导致革命。"[1] 是的，纯粹科学研究工作将导致革命。当普通人也开始慢慢理解量子力学带来科学世界图景的革命性变革的时候，我们不得不回头对贝尔纳以及汤姆逊等所表现出的远见卓识表达深深的敬意！

四、科学社会实践的过程考察

科学与社会之间的互动即是科学社会实践的展开过程。人类社会的繁衍生息伴随着对自然的认识，人类的行为，人类文明的成果几乎与科学发展同步。社会经济的发展对科学的进步提出了新的要求，科学的成果也体现了社会、经济发展的需求；同样，科学的进步也给社会及其经济带来了纵深的影响，因为科学的进步在于人类的某种内在需求，它往往引起社会的结构性变革，这种变革带来的往往是对旧的社会结构的颠覆性的破坏。另外，科学作为一种人类社会的精神文明，它的影响通常也体现在对人们的思想上，所以科学与社会的交互作用应该是根本性的，它比其他一切因素来得彻底。贝尔纳正是采用了马克思主义哲学的方法论，把科学放入社会，在科学与社会的互动中，发现科学社会实践的具体过程。科学是改造社会的主要力量，而且这

[1] ［英］J.D.贝尔纳.历史上的科学[M].伍况甫等译.北京：科学出版社，1981：15.

种改造不仅在物质层面，它甚至会深入人们的观念，成为新观念的来源。与此同时进行的一个过程是科学也在社会化，即为了推动科学的发展，防止科学的滥用，科学也需要接受社会对其发展的制约。要解决时代面临的问题，必须对社会进行科学改造。要改造社会就必然先要了解社会，就必须扩大科学领域，发展社会科学。同时还要去改革社会，否则就不可能对社会有科学的了解。可见，在贝尔纳看来，社会的科学改造和科学的社会改造是一个问题的两个方面。这正好深刻地体现了科学社会一体化。

1. 变革社会：科学之于社会

在《科学的社会功能》中，通过对科学现在所起的作用和科学应该能起的作用考察，贝尔纳认为科学显然已经取得了巨大的社会重要性，这种重要性决不单是由于对智力活动的任何估价而产生的。他认为科学主要有三种功能：前两种功能是用于直接满足人类需要以及用于生产事业的生产过程，借以满足现代社会的人类需要。这些虽然都是科学的最直接的用途，却并不是科学在社会中仅有的用途。科学常常被人当作一种满足欲望的手段加以利用，而科学本身却和这些欲望无关。幸而科学还有第三个重要的功能，即科学是社会变革的主要力量。马克思是从科学技术对社会作用的角度来论证科学是一种在历史上起推动作用的革命力量。恩格斯当年在马克思墓前曾这样阐述马克思的科学观："他把科学首先看成历史的有力的杠杆，看成是最高意义上的革命力量。"[1]

迄今人们对于科学的这种进一步的作用没有什么认识。一般人们

---

[1]　马克思恩格斯全集. 第 2 卷 [M]. 北京：人民出版社，1960：372.

要满足的需要，要么是对食物和住房的基本生理需要，要么是通过财富的积累而在社会上取得权力和声望的比较间接的需要。科学就是在满足这些需要的过程中成长的，不过随着它的成长，渐渐滋生出第三个而且是最重要的功能，即成为变革社会的主要力量。"科学意识到自己的目标，就能在长远中变成改造社会的主要力量。由于它所蕴藏的巨大力量，它能够最终支配其他力量。但是，科学如果不明白自己的社会意义，就会沦为背离社会进步的方向的力量手中的工具而无法自拔，并且在这一过程中毁坏了它的精华，即自由探索的精神。"[1] 很多时候贝尔纳所要做的事情，就是让人们从仅仅把科学当作满足欲望的工具的思维定势中解脱出来，明白科学更重要的功能——科学是改造社会的主要力量。所以人们面临的已经不再是怎样千方百计支配科学以满足人们的物质欲望的问题了，现在人类社会面临的一项任务是社会的科学改造，这个任务已经初露端倪了。"在人人本来都有可能过富足和悠闲的生活的时期中，战争完全是愚蠢和残暴的行为。今日世上的大部分疾病是直接或间接由于缺乏食物和良好生活条件所引起的。所有这一切显然都是可以消除的祸害。"[2] 只有把这些祸害从地球上消灭了的时候，人们才能够感到科学已经被很好地应用于人类生活了。

人们为什么认为建立科学的世界秩序是不可能的呢？或者人们为什么认为科学的世界秩序即使做得到，也不值得去争取呢？原因就在于人们对于人类缺乏信心。怀疑论者看到了世界目前的状况，看到了

---

[1] ［英］J. D. 贝尔纳. 历史上的科学 [M]. 伍况甫等译. 北京：科学出版社，1981：558.

[2] ［英］J. D. 贝尔纳. 科学的社会功能 [M]. 陈体芳译. 桂林：广西师范大学出版社，2003：2.

人们麻木不仁地甘心接受现有的极端苦难。他们没有认识到：这正是既得利益集团为了维持一个违反时代潮流的不稳固的经济制度而有系统地——虽然不是自觉地——促使人们堕落的结果。他们也没有认识到人们为了反对这种经济制度正在展开的表面看来没有希望但却永存不朽的斗争的意义。新世界并不是从外面强加于人类的东西，新世界将是由人类创造出来的。创造这个新世界的人们及其后代将知道怎样来管理它。从基于理解的行动中产生出来的自由和成就总是会不断增长的，虽然永远也不会完备无缺。乌托邦并不是一个幸福的心醉神迷的境界，而是继续进行斗争和继续克服困难的基础。

贝尔纳眼里，要建立科学的世界秩序意味着要统一而协调地，特别是自觉地管理整个社会生活；它消除了人类对物质世界的依赖性，或者为此提供可能性。可见，科学不只是政治、经济力量组合中的一个因素而已，科学的目标在于能成为改造社会的主要力量。它能促使经济、社会进程彻底"科学化"，以此达到社会的科学改造。

社会科学化一方面表现为科学的社会影响，即科学被应用于直接满足人类需要，用于生产过程借以满足现代社会的需要。另一方面科学可以被用于社会变革，"它是社会变革的主要力量，它起初是技术变革，不自觉地为经济和社会变革开路，后来它就成为社会变革本身的更加自觉的和直接的动力了"。[1] 关于科学的社会功能，我们一般注意到的是它对满足人的衣食住行等基本需求和对积累财富以取得社会声望和权力的比较直接的作用。但是，现在当科学的负面社会效应日渐显现，在相当的程度上它同时也彰显了人类自身的弱点，在一些贪

---

[1] ［英］J.D. 贝尔纳 . 科学的社会功能 [M]. 陈体芳译 . 桂林：广西师范大学出版社，2003：446.

婪者的手中科学不过是他们攫取财富的工具，更不幸的是，随之而来的地球母亲痛苦的呻吟，这样的痛苦人类当然要跟着一起承受。利用科学去改善人类生存，使人类从饥饿苦难中摆脱出来的初衷，在西方科学高度发达的今天依然未能完全实现，面对着饥饿、瘟疫、战争等的威胁，西方科学依然束手无策。

这时，我们就会在更广泛的范围意识到人类社会面临的一项任务。这个任务已经初露端倪了，那就是要把全体人类保持在身体健康而又有效率的水平上，最好的办法是什么呢？一旦达到了这个起码标准，我们又怎样才能利用社会和文化发展的最大潜力呢？这是我们时代的关键问题。目前人类在制止细小的、可以预防的弊病方面浪费了大量精力。虽然从技术上来说，已经可以做到免费供应基本必需品，可是人们还在为取得必需品而斗争。可以预防的疾病和完全不必要的社会和家庭烦恼把人们都拖累倒了。不过，即使消除了这些烦恼，也并不就等于说，可以舒舒服服无所事事地过日子。社会经济的发展对科学的进步提出了新的要求；同样，科学的进步也给社会及其经济带来了纵深的影响，因为科学的进步在于人类的某种内在需求，它往往引起社会的结构性变革，这种变革带来的往往是对旧的社会结构的颠覆性的破坏。另外，科学也作为一种人类社会的精神文明，它的影响通常也体现在人们的思想上，所以科学与社会的交互作用应该是根本性的，它比其他一切因素来得彻底。思想的解放带来更有意义、更艰难的任务——建立一个真正有机的社会。

2. 制约科学：社会之于科学

科学是改造社会的主要力量，这种改造不仅在物质层面，它甚至会深入人们的观念，成为新的观念的来源。与此同时进行的一个过程是科学也在社会化，即科学是社会的科学，社会制约科学的发展。为了推动科学的发展，防止科学的滥用，科学也需要接受社会对其发展的控制与规划。

马克思主义认为社会制约科学的发展，他们是从社会对科学技术作用的角度来说明科学技术的产生和发展。科学技术本质上是人对自然的能动关系，是人认识和改造自然的社会活动。人为什么要认识和改造自然？从根本的动机上来说，就是为了满足自身的社会需要。古代科学的发生和发展就是由生产决定的。例如，天文学是为了满足农牧业定季节的需要而产生的，而数学又是为了满足天文学发展的需要而产生的，力学则是为了满足农业生产和城市手工业发展的需要而产生的。近代科学的产生也是如此。"如果说，在中世纪的黑夜之后，科学以意想不到的力量一下子重新兴起，并且以神奇的速度发展起来，那么，我们要再次把这个奇迹归功于生产。"[1] 尤其是资本主义大机器生产，"第一次达到使科学的应用成为可能和必要的那样一种规模"。于是，"搞科学的人为了探索科学的实际应用而互相竞争"。[2] 这就大大刺激了科学的发展，用恩格斯的话来说，"社会一旦有技术上的需要，则这种需要就会比十所大学更能把科学推向前进"。[3]

科学应该用于满足人类物质生活的需要，科学的发展应该使人人都有可能过上富足和悠闲的生活。然而，正是由于过去成功地把科学应用于工业，才陷入这样一个境地：战争和经济危机不但不是遥远的

---

[1] 恩格斯.自然辩证法 [M].北京：人民出版社，1984：27.

[2] 马克思恩格斯全集.第 47 卷 [M].北京：人民出版社，1960：570.

[3] 马克思恩格斯全集.第 3 卷 [M].北京：人民出版社，1960：505.

偶然事件，反而成为家常便饭。在现有经济制度下，如果科学继续朝这个方向进一步发展，这种结局就更加肯定而且有更大的破坏性。因此，无怪乎科学家自己和普通大众对整个科学应用于工业的前景没有多大热情，虽然他们并不反对科学带来的某些小的便利。科学应用于战争的前景恰恰有力说明，目前的状态极其不合理。其实，人们在技术上完全有可能妥善安排生活，而不必有目前生活的大多数危险和许多不便。这种生活能把人类解放出来以从事新的和预见不到的任务。在这些更大的可能性对比之下，那些仅仅比照过去看今天的人们就可以更清楚地看出目前的经济、社会和文化生活的混乱和衰败程度。但是，一旦我们承认有可能而且事实上还有必要建立一种能够实现这些可能性的经济和政治制度，这种反对发展和应用科学的论点就站不住脚了。因此，为了人类利益，也为了科学本身的利益，我们必须努力去促进这个社会的改造。另一方面，贝尔纳意识到现代科学存在着一个缺陷，那就是它不能妥善地处理各种包含有新颖事物、不容易归结为数学公式的想象。所以要想补救这个缺陷就需要将科学和社会问题结合起来，也就是要正确地理解科学的社会功能，也就如贝尔纳所言的扩大科学以补救这个缺陷。

在考察当时苏联社会主义的科学发展状况之后，贝尔纳认为苏联给我们做出了社会改造的榜样，即通过社会制度的改变，科学可以为人所控制，科学可以规划。在这一点上，贝尔纳毫不掩饰自己的政治倾向——对马克思主义的信仰。他相信马克思的信条，哲学家们只是用不同的方式解释世界，而问题在于改造世界。他认为不应该对科学放任自流，而应对科学进行干预。同时，由于马克思主义理论和社会主义苏联的现实在当时的思想界产生了巨大的影响，出于对资本主义制度根本危机的深刻认识，贝尔纳认为，西方制度中的科学发展，从根本上说，会造成一种对社会有害的技术统治。这表现在科学带来的财富，以几何级数增长但集中在少数人手中，而大部分人反而不能感受到文明所带来的安全感。在社会主义制度下，"由于统治阶级是工人和农民，也就是全体居民，已经不必担心有害于整个社会的技术统治了。相反地，生产的迅速发展对人人都是有百利而无一害。从一开始，技术发展就被认为对苏维埃国家是不可或缺的"。[1] 正因为如此，在社会主义制度下，技术发展的利益和社会利益是完全一致的，社会主义国家会毫无疑义地对科学研究以及技术发展进行合理规划，以使科学和社会协调发展，这正是贝尔纳所理想的"规范科学"。[2] 资本主义世界同样需要进行规划，但这种规划是冲突的结果，即科学技术进步的利益和社会利益冲突的结果。当科学和技术的进步对社会利益形成了巨大的威胁时，科学必须做出某种程度的让步，接受社会的监督和干涉。

3. 改造科学：社会科学改造的前提

科学是变革社会的主要力量，然而变革社会的阻力恰恰来自社会。现代社会中自然科学飞速发展，人文社会科学式微，学院式的社会科学对于变革社会的目的完全没有用，必须对这种社会科学加以扩大和改造。改造科学是社会科学变革的前提。社会科学必须同塑造它的社

---

[1] ［英］J.D. 贝尔纳.科学的社会功能 [M].陈体芳译.桂林：广西师范大学出版社，2003：

[2] 肖娜.试论贝尔纳历史主义科学学理论构建的基石 [J].科技管理研究，2006(1)：39.

会力量保持联系才能成长起来，即要使科学服务于人类，需要通过科学规划、自觉控制的过程，防止科学的滥用。

　　作为一位有造诣的自然科学家，贝尔纳一生最重要的贡献是他开创了"科学学"的研究领域，并使之发展成为一门新的学科。然而，在以后半个世纪的发展中，科学学中的"科学"几乎等于自然科学，科学学几乎等于"自然科学学"。社会科学作为研究对象差不多从科学学研究者的视野中消失了。考察贝尔纳的原著可以发现，他的科学学研究不但没有把社会科学排除在外，而且时时流露出扩展科学领域，加速社会科学研究与发展以达到社会科学改造的目的的思想。例如，他在《科学的社会功能》中指出："像研究自然界那样地去研究人类，去发现社会运动和社会需要的意义和方向，这便是科学的功能。"[1] 然而，"英国皇家学会所维护的英国科学传统并不承认社会科学是一门科学，在英国和美国——然而并非也在别的地方——科学这个名词是被自然科学包下来的"。[2] 贝尔纳认为，"任何企图广泛涉及一般科学发展与社会发展的关系的著述，一定要用相当的篇幅讲讲社会科学"。[3] 因此在他的《历史上的科学》这部科学史专著中，专门有两章分别论述历史上的社会科学和现代社会科学。把社会科学史纳入科学史大家庭，这本书是开创性的，因为我们可以举出许多本冠以"科学史"名义下的"自然科学史"。

---

[1] ［英］J.D. 贝尔纳 . 科学的社会功能 [M]. 陈体芳译 . 桂林：广西师范大学出版社，2003：478.

[2] ［英］J.D. 贝尔纳 . 历史上的科学 [M]. 伍况甫等译 . 北京：科学出版社，1981：549.

[3] ［英］J.D. 贝尔纳 . 历史上的科学 [M]. 伍况甫等译 . 北京：科学出版社，1981：549.

贝尔纳在《历史上的科学》的第十二章"历史上的社会科学"的导言中写到："人类对他生活在里面的社会的知识远比人类对周围物质世界的知识，或者对这个世界里生长和生活着的植物和动物的知识更难于获得，过去如此，现在还是这样。"[1]这种现象是符合认知科学的发展规律的。在科学研究中，"首先纳入理性范围的学科是一些研究最简单的作用的学科——力学、物理学和化学。在这些学科的体系中，一切事物都是始终如一的，不发生任何真正新的情况。我们的理性模式就是根据对这些体系的研究制订的"。[2]然而，人类科学发展过程中，不仅包含着对始终如一的事物的规律性的认识，更应该包含新颖事物和历史的认识，"如果我们要主宰和支配我们的世界，我们就不仅要学会怎样去应付宇宙的有秩序的方面，而且也要学会应付它的新奇的方面，即使它们的新颖性是由我们自己造成的"。[3]对我们周围社会不断变化、新颖方面的认识就是社会科学的任务。

但是，"公认的科学顺序体系是把各社会科学排在一系列科学的最后几项，这一系列科学是从数学开始，然后由物理学、化学进到研究动物的生物学，又进到研究人类的生物学，到心理学，最后才进到社会学。根据这个观点，科学的知识是从各门精确的科学开始，而以各门社会科学告终"。贝尔纳认为"这种排列方法隐藏并曲解了人们

---

[1] ［英］J.D. 贝尔纳. 历史上的科学 [M]. 伍况甫等译. 北京：科学出版社，1981：549.

[2] ［英］J.D. 贝尔纳. 科学的社会功能 [M]. 陈体芳译. 桂林：广西师范大学出版社，2003：480.

[3] ［英］J.D. 贝尔纳. 科学的社会功能 [M]. 陈体芳译. 桂林：广西师范大学出版社，2003：481.

与社会的关系"。[1]

贝尔纳的观点是正确的。事实上，社会科学与社会、政治、经济、文化的联系要比自然科学同它们的联系紧密得多。自然科学与技术在现代社会的长足发展是由于它们极大地推动了物质生产的发展，带来了经济的增长。因此"……各种学科的发展变得极不平衡。可以比较直接带来利润的物理学和化学欣欣向荣，生物科学尤其是社会科学则奄奄一息。"[2] 但是，经济增长并不等于社会进步，社会的精神文明、体制文明都需要加速发展社会科学。许多复杂的社会经济问题、环境问题、军事问题等都需要自然科学与社会科学的共同发展来解决，例如，当今面临的环境污染、经济全球化等很多问题。贝尔纳认为，要达到改造社会的目标，"要解决时代面临的问题，就要大大扩大科学的领域。不论有多少物理学和生物学知识都不够用。解决问题的障碍不再主要是来自物理学或者生物学领域了，阻力来自社会。要应付社会阻力，首先必须了解社会"。[3] 这就要求研究社会的社会科学的长足发展。

因此，在《科学的社会功能》的"发展科学的战略"一章中，贝尔纳论证了"需要真正起作用的社会科学"，他说："事情已经愈来愈明显，我们有必要把所谓科学的左派——生物学尤其是社会学和经济学——提高到物理学和化学早期发展的水平上去。"[4] "毫无疑问，

---

[1] ［英］J. D. 贝尔纳 . 历史上的科学 [M]. 伍况甫等译 . 北京：科学出版社，1981：558.

[2] ［英］J. D. 贝尔纳 . 科学的社会功能 [M]. 陈体芳译 . 桂林：广西师范大学出版社，2003：2.

[3] ［英］J. D. 贝尔纳 . 科学的社会功能 [M]. 陈体芳译 . 桂林：广西师范大学出版社，2003：447.

[4] ［英］J. D. 贝尔纳 . 科学的社会功能 [M]. 陈体芳译 . 桂林：广西师范大学出版社，2003：385.

我们需要发展社会科学更甚于需要发展自然科学。"[1] 社会科学必须同塑造它的社会力量保持联系，才能完成社会的科学改造。要改造社会的科学首先面临改造。通过理性的扩展，促进社会科学的发展，发现社会运动和社会需要的意义和方向，从而达到社会的科学改造的目的。然而，现实情况是人类对他生活于其中的社会的知识远比人类对周围物质世界的知识更难于获得。过去如此，现在还是这样。因为一般情况下，正常运行的社会显示自我遮蔽的特点，制约着对社会研究的社会科学的发展。

为什么长期以来社会科学发展缓慢呢？一般的观点大致可以归纳为三个方面。

首先，社会科学的研究对象是有思想、有意志的人及其所组成的社会。人类本身的复杂性，加之社会也不单是组成社会的个人的总和，因而更加复杂。所以，仅仅研究对象的复杂就足以说明社会科学进展缓慢的原因。

其次，社会科学的研究主体和研究对象同一。人本身就是他所研究的社会的一部分。自然科学为了保证研究的科学性，它的研究主体要尽量与研究对象保持必要的距离，主体与客体分离，避免对客观过程的干预。而在社会科学中，观察者和被观察者夹杂在一起，以致真正科学的研究，即使不是不可能也是很困难的。

最后，社会科学面对的是迅速变化的不可逆的社会历史发展过程。社会科学往往来不及对某种社会现象做出分析，这种现象就已经转变为另一种新的不同的现象了。贝尔纳注意到了这种情况，他说："应当是

[1] ［英］J.D. 贝尔纳. 科学的社会功能 [M]. 陈体芳译. 桂林：广西师范大学出版社，2003：398.

社会进化先驱的社会科学，实际上在今天资本主义制度下显然注定了总是落后于社会科学所必须加以分析的形势好多年，甚至好几十年。"[1]

贝尔纳虽然也承认在说明社会科学所面临的特殊困难时，这三个方面的原因是有说服力的。"但是把这三个原因加在一起是否就能解释社会科学落后的原因，却大成问题。"[2] 他认为要弄清楚导致社会科学落后的决定性原因。例如针对有人认为，社会科学发展缓慢的原因是由于社会科学研究对象太复杂，不能像自然科学一样进行实验。他反驳道："没有实验就不可能有完备的科学，但阻碍社会科学上的实验和观察的并不是社会科学本身固有的任何东西，而是它所研究的社会里面的某种东西。"[3] 究竟是社会里面的什么因素在阻碍科学的发展？贝尔纳认为："社会科学的历史再清楚不过地说明，阻滞社会科学发展的真正原因，就是那些控制着社会组织从中得到最大利益的人所强加于社会科学的顽强而积极的原因。"[4] 也就是说，贝尔纳认为："社会科学的落后主要不是由于研究对象具有一些内在差别或仅仅是复杂性，而是由于统治集团强大的社会压力阻碍着对社会基本问题进行认真的研究。"[5] "不仅一切社会学家都没有行政权力，以致社会学根本

[1] ［英］J. D. 贝尔纳. 历史上的科学 [M]. 伍况甫等译. 北京：科学出版社，1981：553.

[2] ［英］J. D. 贝尔纳. 历史上的科学 [M]. 伍况甫等译. 北京：科学出版社，1981：553.

[3] ［英］J. D. 贝尔纳. 历史上的科学 [M]. 伍况甫等译. 北京：科学出版社，1981：551.

[4] ［英］J. D. 贝尔纳. 历史上的科学 [M]. 伍况甫等译. 北京：科学出版社，1981：553.

[5] ［英］J. D. 贝尔纳. 历史上的科学 [M]. 伍况甫等译. 北京：科学出版社，1981：549.

不能成为一门实验科学，而且对社会体制的研究本身一旦看起来会引起人们对现存社会制度的批判，就遭到阻碍并且被引到毫无成果、单纯描写性的学术水平上去。要想把生物学和社会学纳入正规，就必需使它们同正在改变生物学环境和社会本身的实际力量密切结合起来。"[1]

可见，贝尔纳在用马克思的阶级分析方法，透过现象看本质，挖掘出阶级社会中社会科学落后的真正原因，即统治阶级对社会科学发展的阻碍。他甚至说："在所有的阶级社会中社会科学无可避免地都是腐朽性的。"[2] 其实，这一时期贝尔纳在潜意识里，已经接受了马克思的社会发展理论，他认为阶级的消灭是社会科学发展的前提。"只有在非常关心提供最大福利的社会化经济中，才可能期望社会科学得到充分发展。因为在那里它们需要在实践中和在理论上都成为社会生活机器的一个不可分割的部分。"[3]

4. 理性扩展：社会学术研究的科学归并

在今天仍有相当数量的人当谈及科学的时候，几乎是瞬间就会在思想上将哲学与社会学排除在外。科学就是自然科学，确切地说仅指西方的自然科学。对待自然科学和哲学社会科学往往显露出两种截然不同的心态。在贝尔纳看来，既然科学也是一种社会建制，科学的本质是社会性，那么对社会的学术研究就应该是科学。而且

---

[1] ［英］J.D. 贝尔纳 . 科学的社会功能 [M]. 陈体芳译 . 桂林：广西师范大学出版社，2003：385.

[2] ［英］J.D. 贝尔纳 . 历史上的科学 [M]. 伍况甫等译 . 北京：科学出版社，1981：554.

[3] ［英］J.D. 贝尔纳 . 科学的社会功能 [M]. 陈体芳译 . 桂林：广西师范大学出版社，2003：397.

应该扩展科学领域，加速社会科学研究与发展，应该"像研究自然界那样地去研究人类，去发现社会运动和社会需要的意义和方向，这便是科学的功能"。[1]

为什么贝尔纳要将社会学术研究归于科学，依据何在，目的又何在？虽然贝尔纳归纳出科学的几种不同的形相，值得思考的是他并没有因此给科学一个明确的定义。可是为了将社会学术研究归并为科学范畴，他又说明了科学应该具有另一种特征，即以物质基础为根据，且其准确性经得起成功的预见和实际应用的验证，只要是具有与自然科学一样的研究方法的学术研究都可以称之为科学。

可见，贝尔纳一方面强调科学的预见性，也就是说科学形成中的理论预设，但这种预设必须具有准确性，因其准确性又令科学具有预见性。这种想法在证伪主义那里能够发现它的影子。另一方面，贝尔纳又强调科学的可证实性，这里的证实性并不完全等同于实证主义所认为的科学的实证性，因为贝尔纳更多意义上是想说明科学的实践性。那么最终在谈及科学的实践性问题上，又必然将问题的核心转向科学与社会的结合上。

不过，仅此而言并不能够成为贝尔纳将社会学术归并到科学这一范畴上来的完整理由。在贝尔纳看来，社会学术研究是处于落后的位置上，"社会科学今天所达到的发展阶段却是多少类似自然科学在伽利略和牛顿以前早已达到的阶段"。[2] 落后的原因首先还是研究方法上的。自然科学依赖于实验，很多情况下自然科学是可以在很小的规模

[1]［英］J. D. 贝尔纳 . 科学的社会功能 [M]. 陈体芳译 . 桂林：广西师范大学出版社，2003：478.

[2]［英］J. D. 贝尔纳 . 科学的社会功能 [M]. 陈体芳译 . 桂林：广西师范大学出版社，2003：447.

下进行实验，实验是可以不断地重复的。这样就给自然科学的可验证性获得了方便，自然科学也因此拥有了它的独特性，增强了它的说服力。贝尔纳确信科学实验在自然科学中的基础作用。要想让社会学术研究获得科学的合法地位，必须要证明社会学术研究同样是可以实验的，也就是要在方法论上取得与自然科学一致。可以说在这个地方，贝尔纳的结论是完全正确的，但是他的论证缺少说服力。因为社会学术研究的可实验性并不非常明显，这应该是社会学术研究本身的特点。人类社会的发展不可能花费很大的精力做一些大规模的实验，相反大规模的社会学实验将会给人类自身带来不可言状的损害。社会学术研究所谓的实验，应该是与自然科学的实验完全不同的含义。它不是为了追求可重复性从而证明什么，因为现实生活永远不可能重复来过。社会学术研究是通过对活生生、丰富多彩的现实本身的观察、调查，得出一些经得起实践检验的理论预设。其实这种理论预设正是人类自身理性的体现，人类社会的发展正是在这种理性的指引下有序前行。而在社会实践中检验理论预设，并能使社会在人类理性的指引下前进，这个事实本身就说明科学回归社会，说明了科学本质的社会性。

社会学术研究不被认为是科学的第二个原因被归咎于社会科学与自然科学研究对象的不同，对于这一点，贝尔纳认为这样的观点是相当的可笑。贝尔纳说这种说法是别有用心的蒙昧主义。自然科学的研究对象是自然界，自然科学中对自然界的界定是不包括人在内的。这其实是西方科学，尤其是自然科学的先天不足所在。在科学研究中对自然的静态的理解给西方科学烙上了深深的印记，并因此影响了人们的实践观，已经给人们的现实生活造成的不可估量的伤害。

自然科学的研究对象将人类这一个地球上唯一的智慧动物排除

在外本身是不完整的，也是不可取的，是自然科学的先天不足，而不是什么值得炫耀和推广的。因为现代科学，尤其是量子力学的发展，已经证明了研究主体对研究对象的影响是不可能排除的。况且任何自然科学都必须由人来研究，最终要归结到人类自身。"人本身就是它所研究的社会中一部分，因此观察者和被观察者是这么夹缠在一起，以致真正科学的研究，即使不是不可能，也是很困难的。"[1]这样，不仅是社会科学，就连自然科学也一样变成了不可知的了。不可知论的危害可想而知。而且这显然是在用自然科学的先天不足要求社会学术研究。对社会的研究当然观察者和被观察者夹缠在一起，不能因为所谓的科学研究所要求的客观性，就人为阉割了活生生的现实社会的研究。

分析原因的目的是为了更好地说明问题，从而找出解决问题的办法。贝尔纳所罗列出的几个关于社会科学被一些学者们歧视的原由，并不是单纯地分析原因，他否认这些被一些学者们用来排斥社会科学的理由的时候，是为了更好地说明关于社会学术的研究也应该属于科学的范畴。那么仅仅如是来理解并不足够，将社会学术研究并入科学范畴并不能带来一些认识论上的革新，贝尔纳得出这样的结论可能是为了将它看作另一个结论的论据，是想用它来说明另外一个问题的。既然社会学术研究可以称之为关于社会的科学，而社会科学本身就是研究社会问题，它是关于人的社会性的探讨，所以科学的社会作用自然不是问题，它是必然存在的。这样科学的社会功能也就不证自明了。证明科学的社会功能正是贝尔纳科学学的目的所在。

---

[1] ［英］J. D. 贝尔纳. 科学的社会功能 [M]. 陈体芳译. 桂林：广西师范大学出版社，2003：385.

经济学是社会科学中一个非常重要的部分，对经济学的理解可以更充分地说明科学的社会功能。贝尔纳当然会看到这一点，社会生活中的经济生活可直接看出科学与社会的连接，科学对社会的影响直接与经济生活相互渗透，科学参与经济活动影响人们的生活，又通过经济活动影响社会生活的其他方面。

第四章
使科学造福于人类：贝尔纳科学学思想的目标

贝尔纳坚信科学可以造福于人，但必须更新认识、规划科学的社会实践。贝尔纳认为，要使科学发挥其正面功能，就必须改变科学教育观，使公众真正理解科学；同时强调对科学的规划，制约科学的非理性发展；参与和平运动，防止滥用科学。贝尔纳科学学正是从实践中具体的问题而来，关注作为社会实践的科学，最终又回到实践中去解决问题的典范。使科学造福于人类，正是贝尔纳科学学的落脚点。

一、发展科学教育：促进公众理解科学

贝尔纳作为科学学的创始人，非常重视科学教育，是科学教育的开创者和倡导者，对科学教育的发展做出了巨大的贡献。他虽然没有专门论及科学教育的目的观、课程观、教学观、评价观，然而通过对贝尔纳原著的仔细研读，发现散见于其中的丰富的科学教育思想，其中蕴含着充满后现代意蕴的多元化的科学教育目的观、开放性与综合

性的科学教育课程观、探究与体验的科学教育教学观、过程性取向的科学教育评价观。可以说，贝尔纳已经具有后现代主义者反思科学的立场，他的科学观已经有了明显的后现代主义倾向，这种倾向直接影响到他的科学教育观，使其表现出一定的后现代意蕴。

为揭示贝尔纳科学教育观的后现代意蕴，有必要先考察后现代语境中的教育观。作为一种社会思潮：后现代反映了人类在现代社会中的感受及其对现代社会的反思。在对教育的"现代性"进行深刻反思的基础上，形成了后现代的教育观。后现代教育理念并非全盘否定现代教育，而是在反思和继承现代教育的基础上有所超越：（1）后现代主义对启蒙运动以来的，割裂科学与社会的以"理性教育"为基础的现代教育目的观进行抨击，认为科学作为一个有机整体，它应该是事实与价值、知识与目的、科学与人性、科学与实践、科学与社会的统一。（2）后现代教育家对以往教材以静态形式反映无限膨胀的动态知识的方式极不满意，认为后现代课程必须强调开放性、复杂性和变革性，在课程组织中朝跨学科和综合化发展。（3）后现代教学观反对现代教学中以教师为主导的单向灌输。强调教学过程是师生交往、沟通的过程，重视学生主动获得知识经验、主动探究和发现新问题。（4）后现代教育理论反对目标取向的教育评价观，认为世界是多元的，每个学习者都是独一无二的个体，教育评价不能用绝对统一的尺度去衡量学生的学习水平，提倡过程取向和主体取向的教育评价观。

1. 多元性：科学教育目的观

贝尔纳的"大科学观"把科学知识、科学方法以及科学的社会实践看作一个整体，因而衍生出既要懂得科学知识与科学方法，又能理解科学的社会作用的多元性科学教育目的观。

贝尔纳认为，科学教学首先应该"提供已经从自然界获得的系统知识基础，并且有效地传授过去和将来用来探索及检验这种知识的方法"。[1] 然而，不幸的是科学教育正是在后一个方面失败得最为明显。"为了教师的方便，为了适应考试制度的要求，学生不但没有必要学习科学方法，倒有必要学习恰恰相反的东西，那就是全盘接受教师和教科书所教的东西并且在教师要求之下把它复述出来……"[2] 其实，提供知识和传授方法并不是互不相关的。因为"如果学生不了解知识是怎样获得的，如果学生不能够以某种方式亲身参加科学发现的过程，就绝对无法使他充分了解现有科学知识的全貌"。[3]

换言之，科学教育的目的就是"要保证大家不仅从现代知识的角度对世界有全面的了解，而且能懂得和应用这种知识所根据的论证方法"。[4] 可见，相比科学知识，贝尔纳更强调科学方法的重要性。因为贝尔纳深知，科学知识作为科学活动的产物是可以变化的，科学知识不能体现科学的本质。那么什么体现科学的本质呢？他睿智地抓住了探索科学知识的方法。如果把科学知识比作"鱼"，科学方法则是"渔"，人们常说："授人鱼，不如授人渔。"

这一点与 SSK 科学教育目的观不谋而合。SSK 认为"科学的本质

[1]［英］J.D. 贝尔纳 . 科学的社会功能 [M]. 陈体芳译 . 桂林：广西师范大学出版社，2003：288.

[2]［英］J.D. 贝尔纳 . 科学的社会功能 [M]. 陈体芳译 . 桂林：广西师范大学出版社，2003：86.

[3]［英］J.D. 贝尔纳 . 科学的社会功能 [M]. 陈体芳译 . 桂林：广西师范大学出版社，2003：288.

[4]［英］J.D. 贝尔纳 . 科学的社会功能 [M]. 陈体芳译 . 桂林：广西师范大学出版社，2003：291.

不在于已经认识的真理而在于探索真理……"在于科学知识生产过程中"隐含着科学家们的科学探索精神和科学方法的运用。无论科学知识发生怎样的改变，这种科学精神和科学方法的运用是始终如一的，它们才是科学的本质"。[1]这启示我们科学教育的目的不仅应该要求学生掌握科学知识、科学方法，还要培养学生合理的科学观念和科学精神。

其次，贝尔纳认为，在科学技术的社会作用日益强大的今天，"学校培养出的公民，应该不是像现在这样仅把数学理解为计算英镑、先令和便士的工具，而是把它当作考虑一切问题的方法……只有具备这种条件，才能应付我们时代的经济和社会问题"。[2]可见，在贝尔纳心目中，科学教育不仅是知识的传授、方法的启迪，更重要的是"要使科学执行传统所要求于它的功能并且避免威胁着它的危机，就需要科学家们和普通群众都进一步认识科学和当代生活之间的复杂关系"。[3]这才是科学教育的最终目的，即注重科学与社会实践的连贯性，了解科学的社会功能及其负面影响，具备对科学技术进行社会决策的责任感和素养等。因为"从长远看来，显然只有能够理解科学的好处的全部意义并且加以接受的社会才能得到科学的好处"。[4]

多元性科学教育目的观与贝尔纳把科学与社会看作一个整体，强

---

[1] 袁维新.科学知识社会学视野中的科学教育观[J].外国教育研究，2005(7).

[2] ［英］J.D.贝尔纳.科学的社会功能[M].陈体芳译.桂林：广西师范大学出版社，2003：291.

[3] ［英］J.D.贝尔纳.科学的社会功能[M].陈体芳译.桂林：广西师范大学出版社，2003：2.

[4] ［英］J.D.贝尔纳.科学的社会功能[M].陈体芳译.桂林：广西师范大学出版社，2003：110.

调科学与社会实践、科学与伦理的紧密结合的科学观有关。只有这样的科学教育观才能使学生不仅懂得科学知识与科学方法，更能理解包含科学及技术内容的公共政策议题，全面正确地理解科学对社会的影响，这样才能对生活中出现的科技问题做出合理的反应和应对。

这一点与后现代所十分推崇的多元有机整体论基本一致。后现代主义十分推崇"生态主义"，并根据生态学建立了多元有机整体论。以大卫·格里芬为代表的建构性后现代主义认为，整体应是以人为中心的"完整的整体""流动的整体"。"就科学来说，作为整体它应是事实与价值、知识与目的、科学与人性、科学与实践、科学与社会的统一。"[1]

2. 开放性：科学教育课程观

贝尔纳在对科学教育的反思中，非常敏锐地抓住了当时科学教育课程"缺乏全面性和现代性"[2]的弊病，提出了开放性、综合性的充满后现代意蕴的课程观。

首先，贝尔纳认为，基于科学的暂时性和不断进步性，科学教育课程必须是开放性的。然而当时的物理学"从未介绍1890年以后的发现，X射线、无线电和电子根本没有提到。""化学课就更糟了，整个课程包括的内容都是1810年以前已知的东西。"[3]"通过量子论并由于现代物理学的进展，现在我们对化学问题有了更为合理更

[1] 唐斌.论 STS 教育的后现代意蕴 [J]. 教育研究，2002(5).

[2] ［英］J. D. 贝尔纳.科学的社会功能 [M].陈体芳译.桂林：广西师范大学出版社，2003：89.

[3] ［英］J. D. 贝尔纳.科学的社会功能 [M].陈体芳译.桂林：广西师范大学出版社，2003：89.

为直接的解决办法。可是我们也许还得再等五十年，然后才会有某一位有进取心和目光远大的化学教授把目前整个课程都一扫而尽，而代之以一个在当时已经过时八十年的课程。""在把新知识加入课程之前，要等待相当的时间。理由是这个理论还有争论，以后可能还要修正。"[1] 针对科学教育课程缺乏现代性，贝尔纳认为："我们必须缩短科学界接受某种新知识或新方法和大学将其纳入教学内容之间的时间差距。我们必须一面这样做，一面始终强调指出科学的暂时性和不断进步性。为此，教授科学史应具有极大意义。而且不仅要把新知识加在老课程之中，还要以连贯而灵活的方式使其有机地结合起来。"[2]

毋庸置疑，贝尔纳的现代性、开放性的科学教育课程观，与后现代课程理论家多尔（Dole）的观点是比较一致的，多尔认为后现代课程"必须强调开放性、复杂性和变革性。课程目标不应是预先确定的，课程内容也不应是客观的和确定的知识体系……"[3] 其他的后现代主义教育思想家和课程理论家提出的课程构想也认为："课程不只是特定的知识体系载体，课程的内容不是固定不变的，所以课程是一个动态发展的过程；课程是师生共同参与探求知识的过程；课程发展的过程具有开放性和灵活性。"[4]

其次，贝尔纳认为，基于各学科之间以及科学与社会的连贯性，

[1] ［英］J.D. 贝尔纳 . 科学的社会功能 [M]. 陈体芳译 . 桂林：广西师范大学出版社，2003：93.

[2] ［英］J.D. 贝尔纳 . 科学的社会功能 [M]. 陈体芳译 . 桂林：广西师范大学出版社，2003：296.

[3] 项国雄 . 后现代主义视野中的教育 [J]. 外国教育研究，2005(7).

[4] 项国雄 . 后现代主义视野中的教育 [J]. 外国教育研究，2005(7).

科学教育课程必须改变把各学科人为分开、把科学与其他文化分离、把科学与社会分离的现状。在 19 世纪，当科学首次在大学中出现时，它叫作自然科学，不久就划分为物理学、化学、动物学等系，可能一位物理学教授对地球另一端的一个物理实验室的了解，远远超过他对隔壁化学实验室的了解程度。于是，人们对各个科学领域相互间的关联的认识就大大落后了。"科学学科大多是分别讲授而且互不通气。"[1]不仅如此，还"把科学囚禁起来，使它同文化的一切其他方面都隔绝开来，因此，也就是使科学教学完全服从技术训练"。[2]

贝尔纳认为："不但要把科学作为一门学科来教，而且要使它渗透到一切学科的内容中。应该指出并说明它在历史上和现代生活中的重要性。必须打破把科学与人文学科截然区别开来，甚至互相对立的传统，并代之以科学的人文主义。同时，科学教学本身内容也必须人文化。应该联系日常生活的直接经验，把科学具有什么社会意义，它为人类提供了多大力量，人类可以对科学派什么用场以及人类在实际上已经给科学派了什么用场都原原本本地说清楚而且使其具体化。"[3]总之，贝尔纳"自始至终强调各科学学科之间的连贯性以及它们与社会的目前结构和今后发展的关系"。[4]

从一般意义上来说，贝尔纳开放性、连贯性的科学教育课程观，

[1]［英］J. D. 贝尔纳. 科学的社会功能 [M]. 陈体芳译. 桂林：广西师范大学出版社，2003：93.

[2]［英］J. D. 贝尔纳. 科学的社会功能 [M]. 陈体芳译. 桂林：广西师范大学出版社，2003：89.

[3]［英］J. D. 贝尔纳. 科学的社会功能 [M]. 陈体芳译. 桂林：广西师范大学出版社，2003：288-289.

[4]［英］J. D. 贝尔纳. 科学的社会功能 [M]. 陈体芳译. 桂林：广西师范大学出版社，2003：305.

与后现代主义者强调"在课程组织中朝跨学科和综合化发展，关注课程活动的不稳定性、非连续性和相对性……"[1] 是一致的。贝尔纳所批判的，把各学科人为的分开、把科学与其他文化分离、把科学与社会分离的传统的课程观，也正是后现代主义者所批判的到目前为止依然存在的、积习难改的教育弊病，因为这样的课程观难以使学生用开放的眼光看待具有无限多样的现实世界。总之，"由于生活本身的完整性与多样性，课程就必须综合化，只有这样才能使学生获得对世界的综合与多维的理解，也才能更真实地了解现实世界"。[2] 所以，后现代主义者也"要求消解学科边界直至最终取消学科本身。他们对以往教材以静态形式反映无限膨胀的动态知识的方式极不满意，主张教师应和学生共同作为课程的开发者，以非线性的方式最大限度地获取全面的知识"。[3]

贝尔纳的关于科学教育课程的现代性、开放性、连贯性的思想，是源于他的科学观。贝尔纳强调科学系统的开放性，或者说"创新性"，"科学远远不仅是许多已知的事实、定律和理论的总汇，而是许多新事实，新定律和新理论的连续不断的发现。它所批判的以及常常摧毁的东西，同它所建造的东西一样多"。[4]

3. 探究性：科学教育教学观

贝尔纳反对以教师为中心的单向"灌输"，提倡把"科研作为教

---

[1] 项国雄. 后现代主义视野中的教育 [J]. 外国教育研究，2005(7).

[2] 唐斌. 论 STS 教育的后现代意蕴 [J]. 教育研究，2002(5).

[3] 刘啸霆. 评后现代教育 [J]. 高等师范教育研究，1998(6).

[4] ［英］J. D. 贝尔纳. 历史上的科学 [M]. 伍况甫等译. 北京：科学出版社，1981：15.

学方法"的探究性科学教育教学观。在教学方式上，"各大学推行的传统无殊于其中世纪前辈所奉行的传统"。[1] 即由教师一人在讲台上讲演，学生则洗耳恭听。贝尔纳认为，由于当时讲述的是亚里士多德或盖仑的晦涩难懂的学术著作，采用这种方式教学是可以理解的。但是，现在传授活生生的科学知识和科学方法，仍然局限于这种形式就十分荒唐了。贝尔纳断言："把一个学期中每天的整个上午都用于听科学讲演是一种毫无用处的违背时代精神的错误和一件浪费时间的事情。"[2] 并说："在这种情况下，向学生分发用打字机打下的讲稿能更好地达到讲演的目的。"[3]

因此，贝尔纳坚决反对以教师为中心的单向"灌输"。他反复指出，对于科学教育而言，一种无论怎么强调都不过分，然而又被人们所遗忘的方法：早期科学家们学习科学的方法——师傅带徒弟的方法，即学生在教师的指导下并与教师合作，探究并解决一个现实的，对于他们来说是未知的科学问题。贝尔纳说："用师傅带徒弟的老方法，即由已经具备工作能力的人们加以监督和帮助，再加上通过摸索熟悉情况的非正规学习方法——传授的科学方法，可能要比安排得最好的一套示范所传授的科学方法多得多。"[4] 因为，科学方法、科学态度不是教出来的，而是在实践中探究与体验出来的。

[1]［英］J. D. 贝尔纳. 科学的社会功能 [M]. 陈体芳译. 桂林：广西师范大学出版社，2003：90.

[2]［英］J. D. 贝尔纳. 科学的社会功能 [M]. 陈体芳译. 桂林：广西师范大学出版社，2003：91.

[3]［英］J. D. 贝尔纳. 科学的社会功能 [M]. 陈体芳译. 桂林：广西师范大学出版社，2003：91.

[4]［英］J. D. 贝尔纳. 科学的社会功能 [M]. 陈体芳译. 桂林：广西师范大学出版社，2003：92.

所以，贝尔纳提倡在大学里，把"科研作为教学方法"，实行导师制。"我们可以让学生跟随一个又一个科研工作者，每人以一两个月为期，以便直接看到人们如何解决真正的科学问题。"[1] 当一个学生从学校毕业时，知道如何从事科学工作比积累大量知识更为重要。把"科研作为教学方法"，其实是强调学习者自己的探究与体验，只有让学生自己在他们已经接触到的事物中去找出新关系来，而不是让他们在人为简化的和不必要的抽象的实验中去寻找新关系，才能向学生们传授实用的科学方法。学习科学方法唯一之道是一条漫长而痛苦的个人经验的道路。贝尔纳强调探究性的教学观与杜威、皮亚杰、布鲁纳等人的课程理论基本是一致的。虽然这些课程理论没有自称为后现代理论，但其旨趣与后现代理论却是一致的，后现代课程理论家多尔也认为：尽管不一定要称他们之中的任何一位为后现代理论家……但对他们的教育思想从后现代而不是现代的角度予以理解更为恰当。这些奠基建构主义理论基石的先驱们给我们当代教育教学有益的启示：教学决不是教师给学生灌输知识、技能，而是学生通过驱动自己学习的动力机制积极主动地建构知识的过程，课堂的中心应该在于学生而不在于教师，教师在课堂教学中应该是引导者、促进者和帮助者。由此可以断定，贝尔纳的探究性的教学观与建设性后现代主义在立论基点上是有一致的地方。

同时，贝尔纳的探究性的教学观与多尔的教学观不谋而合。多尔认为："课程实施更不应是一种灌输和阐释的过程，而是所有课程参与者共同开发和创造、共同建构的过程。这一开放的系统允许学生和

[1] ［英］J.D. 贝尔纳. 科学的社会功能 [M]. 陈体芳译. 桂林：广西师范大学出版社，2003：293.

他们的老师在会谈和对话之中创造出比现有的封闭性课程结构所可能提供的更为复杂的学科秩序与结构。"[1]

4.过程性：科学教育评价观

贝尔纳反对把只重视科学知识掌握的复述型考试作为科学教育评价的尺度，主张把研究性活动引入评价过程的过程性取向的科学教育评价观。

千百年来，考试制度一直是一种复述型的考试，对于教师和上级主管部门来说，它的确是一种最便利的检查方法。然而，贝尔纳却给它下了一个悲观的结论，他认为："从了解学生的科学方法和科学才能来看，这种方法是最无价值的办法。"[2]因为学生为了应付这种考试，非但没有必要学习分析问题和解决问题的科学思维方法，而是不得不去学习恰恰相反的东西，那就是全盘接受教师和教科书所教的东西，然后根据考试的要求将其复述出来。而且，一个不幸的事实："科学中最适于作考试材料的是物理学和化学的公制计算部分。对懒惰和数学学得不好的学生来说，这些是最困难的部分，而对于另一些真正喜爱科学，并且希望继续进而学习科学中新鲜和有趣的部分的学生来说，这些又叫人恼火。"[3]

复述型考试制度的"最大害处不在于考试本身和考试成绩的不公平，因为正如人们经常指出的那样，真正有才能的人即使在考试中也

[1] 项国雄.后现代主义视野中的教育[J].外国教育研究，2005(7).

[2] ［英］J.D. 贝尔纳.科学的社会功能[M].陈体芳译.桂林：广西师范大学出版社，2003：94.

[3] ［英］J.D. 贝尔纳.科学的社会功能[M].陈体芳译.桂林：广西师范大学出版社，2003：88.

是会顺利通过的。害处在于考试制度所引起的整个思想状态"。[1] 它使学生在刚刚开始对科学发生兴趣时，有意地使他们兴趣索然。也许是由于这原因，大学"才具有肯定的反面的教育价值"，"也许正是由于这个原因，学生才在学习开始之时比结束之时更具有全面的和开朗的见解……"[2]

贝尔纳认为，科学教育评价制度的改革，是整个科学教育改革的关键，只要考试制度原封不动，我们就永远不可能有合理的科学教育。贝尔纳的想法是，把研究性活动引入评价过程。这样，我们就能"根据每一个应考者从事崭新的观察的能力或者根据他把一些新观察到的现象有条理地加以归纳的能力来测验应考者的话"，"我们就可以找到更加可靠的理想的办法，来了解应考者在理解和运用科学方面究竟有多大能力"。[3]

站在后现代主义者的立场上可以发现，贝尔纳的根据每一个应考者的观察能力和归纳能力的、重视研究过程的教育评价观，竟然先见性地跨越了其后出现的，在西方国家教育评价领域占主导地位三十多年的、泰勒的目标取向的教育评价观，与后现代的过程性取向、主体性取向的教育评价观如出一辙。

后现代教育理论反对将教学计划或教学效果与预定的教学目标联系起来，根据教学结果的达标程度来判断教学价值的目标取向的教育

[1] ［英］J.D. 贝尔纳. 科学的社会功能 [M]. 陈体芳译. 桂林：广西师范大学出版社，2003：95.

[2] ［英］J.D. 贝尔纳. 科学的社会功能 [M]. 陈体芳译. 桂林：广西师范大学出版社，2003：291.

[3] ［英］J.D. 贝尔纳. 科学的社会功能 [M]. 陈体芳译. 桂林：广西师范大学出版社，2003：94.

评价观，认为世界是多元的，每个学习者都是独一无二的个体，教育不能用绝对统一的尺度去衡量学生的学习水平。贝尔纳过程性取向的教育评价观念符合后现代思想。过程性取向评价重视过程本身的价值，在学习过程中让学生成为知识的探索者和发现者。可见，后现代教育评价不仅注重学生学习知识的结果，更注重学生分析问题、解决问题和探索真理的活动过程。

教育评价观由目标性取向到过程性取向的后现代转向，再次证明了贝尔纳在科学教育评价方面的远见。遗憾的是，当时以致后来的很长时间，他的教育评价观并没有受到应有的重视。

贝尔纳具有后现代意蕴的多元化的科学教育目的观，开放性的科学教育课程观，探究、体验的科学教育教学观，过程取向的科学教育评价观不仅适用于科学教育，甚至可以推广到整个教育系统。这种教育观即使今天看来依然具有超前的眼光，不断提醒人们教育改革任重道远。

二、规划科学：制约科学的非理性发展

1. 社会建制：规划科学的前提

贝尔纳的科学学是从科学是什么，这个科学哲学绕不开的坎出发，开创科学的社会研究。贝尔纳认为，科学不仅仅是累积的知识传统、方法，即不仅仅是一个智力过程，而且是一种社会建制、是生产力要素、是观念来源。科学应用于社会有巨大的社会影响和社会功能。贝尔纳对科学形相认识的突破就在于认识到科学的社会实践之维，进而抓住了科

学的社会本质。对科学是什么的阐述是研究科学自身问题的基础，它决定了对于科学自身研究的走向和结果。贝尔纳在《历史上的科学》中指出科学具有几种形相，并未给科学做出明确的界定，同样在他早期的著作《科学的社会功能》中也没有给科学下一个完整的定义，尽管他这本在学术界有着广泛影响的著作的副标题就是"科学是什么"。这不禁令人困惑，难以理解。贝尔纳在《历史上的科学》里的回答：如此的企图是徒劳的也是空洞的，对于这一点他引用了爱因斯坦的观点，认为科学与社会现象的相互作用是如此的广泛且变动不拘，所以科学的本质体现于自身之中。贝尔纳的著作中没有沿着一般科学史的路径而是想找到科学在历史中所扮演的角色。所以，贝尔纳并没有明确说明科学是什么，而将科学理解成具有几种不同的形相。大概也就是想指出科学所扮演的几种不同的角色了，扮演角色一定是在相应的舞台上，科学角色的舞台应属于社会，没有社会舞台当然也就没有科学的角色。这牵扯到贝尔纳想要建立的科学学的基础，而任何对贝尔纳科学学思想的研究都需要围绕科学是什么这个问题而展开。

虽然贝尔纳反对给科学一个一劳永逸的定义，但还是创造性地采取了描述的方式，在其科学史著作《历史上的科学》的导言中认为，科学"不能用定义来注释"，"必须用广泛的阐明的叙述作为唯一的表述方法"。贝尔纳抽取了科学的若干品格和若干形相，他认为，科学是"一种建制"："科学作为一种建制而有数以几十万计的男女在这方面工作"；是一种社会职业；"一种方法"：科学家采用一整套程序性和指导性的思维规则和操作规则，运用这套方法取得科学成果；"一种累积的知识传统"：科学的每一收获，不论新旧程度如何，都应当能随时经受得起用指定的器械，按指定的方法对指定的物料来检验；"一种维持或发展生产的主要因素"：科学与技术的密切结合，导致生产的发展和社会进步；"一种重要观念来源"：科学是"构成我们诸信仰和对宇宙和人类诸态度的最强大的势力之一"。[1]

在贝尔纳看来科学的深层本质就是科学是一种社会建制。这样的诠释揭示了科学的社会形相，体现了贝尔纳科学学思想的本质。在贝尔纳看来，只有对科学是什么的如此诠释，才能谈得上认识科学的其他功能，因为随着人类历史的延伸，科学已经不再只是一些科学家的单纯爱好，科学的发展也不是仅凭单个科学家所能独立完成的。但是把这样的诠释仅仅理解成科学是一些科学共同体的活动，显然也不够全面，往往会曲解贝尔纳的思想。贝尔纳所言的建制是想告诉人们科学发展的前提是它是一种有组织的经济活动。"作为集体的和有组织的科学建制是一种新型制度，但仍保留当年科学由个人而推进时具有的那个经济特征。"[2]这就很明确地指出了科学首先表现的是一种有组织性的经济活动。贝尔纳认为科学是一种社会设施，它是由千百人组成为科学团体、科学机构，为探索自然和社会的奥秘，揭示物质运动的规律性而建立的社会组织；科学在历史形态上一直是社会中一个不可分割的组成部分；在现实形态上科学正在影响当代变革而且也受到这些变革的影响。这样的认识当然比在《科学的社会功能》中论及的科学管理和科学规划要深刻得多，因为只有在这个基础之上谈及科学管理和科学规划才有现实意义。如果科学是什么还没有搞清楚，或者

[1] ［英］J.D.贝尔纳.历史上的科学[M].伍况甫等译.北京：科学出版社，1981：6-27.

[2] ［英］J.D.贝尔纳.历史上的科学[M].伍况甫等译.北京：科学出版社，1981：7.

说科学仅仅被单纯的理解成一种方法，或者仅将它限定为一些科学家个人的爱好和追求，那么谈科学规划和科学管理就没有可能了。

因此在科学与社会之间建立起有机的联系是完全可能的。与作为构成该组织的科学家们相联系的有这三类不同的人群：恩主、同事和群众，在这三类人群中间生活着的科学家及其科学家活动深深地烙上了社会的印记，而作为科学家活动成果的科学知识也必将带上科学家的情感，或许在如此情感之中还有着他们恩主们的情愫，因为贝尔纳认为科学家的行为可能会有着不少被动之处。所以，在这里我们似乎看到了一些后现代主义的影子，若再随着贝尔纳的思路走下去，就会看到今天人们常在讨论的科学的价值问题，也可以看出贝尔纳并不是持有价值中立的立场。如果反过来理解，既然科学不是价值中立的，那么科学的社会性自然就不可否认。正因为科学是一种社会建制，使科学的规划与科学宏观调控成为可能。

贝尔纳还从科学史的角度出发，对科学所能起的作用进行了概括。指出它在教育、工业、战争等方面的作用和方式。他的结论："科学是社会进展的一个主要因素……科学在铸造世界的未来上能起决定性的作用。"[1] 在高度评价科学的革命作用的同时，贝尔纳还看到了科学对社会发展的负面影响。如前所言，科学带来新的生产方法，反而引起失业和生产过剩，丝毫也没有减轻普遍存在的贫困；科学造就新式武器，使战争变得比任何时候都可怕，甚至从根本上威胁到人类的生存。贝尔纳认为这些科学应用的消极方面是可以消除的。贝尔纳没有因为在他生活的年代发生了两次世界大战，而且在这两次战争中科学

---

[1] ［英］J. D. 贝尔纳. 历史上的科学 [M]. 伍况甫等译. 北京：科学出版社，1981：45.

作为一种手段残害了数以万计的人而彻底地否定科学、否定科学的存在价值。在贝尔纳的思想中占据着很大分量的是科学在现实生活中的积极意义，所以在他的著作中一直都在为科学辩护。科学必定会发展下去，但是需要对科学进行重新规划。通过对科学史的分析，贝尔纳得出了理论科学学纲领即科学的历史性宏观调控和预测，从而论证了传统的科学研究模式的弊病在于孤立地考察科学的发展与应用，忽视了发展与应用背后的原动力。同时证明了对于科学的规划在理论上是如何可行的。

2. 必要的张力：规划科学的原则

贝尔纳科学学认为科学是一种建制，也就将科学理解成一种有组织的活动，对于组织活动当然有进行规划、进行管理的可能。而这种规划管理活动以前没有，只是到了现代才出现。贝尔纳从两个方面对科学的可规划性加以证明，一是科学和工业的结合。因为科学和工业的结合如单纯地依靠经济和社会发展的自觉来实现将会花费相当长的时间，贝尔纳推算大概需要 100 ~ 150 年。而如果通过 "社会的分析"，贝尔纳认为科学研究根据社会需求可以做到 "计划化"。二是苏联的发展经验，比如说，在 1946 年的苏联科学院的各种计划，就是将科学与国家需要联系起来。贝尔纳同时认为科学的计划化只有在社会主义国家才能够实现，而在资本主义国家是根本不能够做到的，"科学在学者圈子里是限于对了解自然做一些稀薄的和彼此不相联系的贡献"。[1] 这种论断来自于对资本主义的批判，贝尔纳在此也并没有超出马克思主义，不再赘述。

---

[1] ［英］J. D. 贝尔纳 . 科学与社会 [M]. 北京：三联书店出版社，1956：113.

关于科学规划，贝尔纳并没有给出具体战略，也许是因为这应该属于国家行为，需要各种细致的国家政策来支撑。不过贝尔纳却给出了科学的规划的几个原则，并认为几个原则之间应保持必要的张力。他认为科学规划不需要太具体的纲要，实质上也不是一个实际规划，刻板地执行预定规划之于科学是有害的。科学规划的基本特征应首先体现为灵活性，科学战略所制定的并非是一个实际规划，而是这样一种规划的纲要，甚至不能算是一个确定的计划，贝尔纳认为，传统的社会学规划，如 H. 斯宾塞的计划，由于其包罗万象，面面俱到而失败。贝尔纳形象地将科学活动比喻成淘金热潮，跟在有经验的勘探者后面的结果是其他科学领域遭到可悲的遗忘，因此科学规划需要全面展开，它总是包含着一些突出的地带，在此处的进展可以相对迅速，可以迅速深入到未知领域，这是其二。中国有个成语"触类旁通"，由于在科学研究活动中只将眼光限定在极其狭隘的领域内，往往可能会陷入科学研究的死胡同，当然需要对不同领域进行必要的整合，这就是科学规划的综合性，这是其三。贝尔纳认为，科学史上为反对科学规划所引用的事例，并非表明规划不可能，而是证明了未知领域的存在，这些领域超出了现有规划所建立的知识体系，而规划的目的正是要突破原有知识的缺陷，这是其四。对于科学规划和科学管理来说，"扩大科学战线是可以为科学本身和整个人类都带来好处的"。[1] 可归结为科学规划的渗透性，这是其五。最后，科学在发展过程中必须明确理论的基础作用，在研究中要做到基础研究和应用研究的平衡。

在上述大原则之下，贝尔纳提出了若干制订科学规划的细则，如

---

[1] ［英］J.D. 贝尔纳. 科学的社会功能 [M]. 陈体芳译. 桂林：广西师范大学出版社，2003：80.

保持高度的灵活性，不断修改规划；发展突出地带，注意易被遗忘的角落，尤其是学科间的交叉领域；调动本学科及相邻学科最有才能的人集中攻坚；研究和实验研究互通信息、加强合作；基础研究和应用研究保持灵活的适当比例，并保证二者密切联系等。为此，1938年，英国科学促进会甚至成立了科学的社会与国际关系分会，专事宣传和推进规划科学的活动。

在具体的科研组织的管理上，贝尔纳也作了相关论述。由于科学是探索未知的事业，科学家倾向于个人自由创造，而科学的功能是为了造福人类。因而贝尔纳认为，科学组织管理的首要原则，应是在注意到各科研工作者个人的条件，使他们能有效工作的同时，又能有效的地协调各个个人、实验室和研究所的工作，以求得科学功能在总体上的正确发挥。其次，应当防止科研人员和科研组织的老化，以管理民主化，人员的年轻化和自由流动，组织形式的伸缩、裂变、更新去防止由于老化所带来的思想僵化、独断专行和效率低下，以适应新课题，开拓新领域。最后，对于什么样的人适合作科研组织的领导人的问题，贝尔纳回答说，应该由那些在科学研究上精力旺盛，不仅具有较强的科研能力，而且具有良好的心理品质，能同下属和睦相处并能使下属和睦相处，维持科研组织和谐和活力的人充当科研组织的领导人。

3. 宏观调控：规划科学的途径

科学既然是一种社会活动，那么科学与社会各领域的关系就是紧密相连的。在贝尔纳看来，科学与社会是一体化的，社会离不开科学，科学也不能脱离社会成为空中楼阁，正因为科学活动的整个过程中包含着许多社会因素，所以，科学的发展需要规划和协调。

《科学的社会功能》一书最能体现贝尔纳科学社会的一体化，尤其是科学的社会化观点。社会生产的发展与人们物质生活的需求催生了科学，而近代科学的发展又与社会的各个子系统之间有着强烈的互动关系。从科学的发展史可以看出，科学与社会之间既存在正向的也存在逆向的互动。那么如何使科学的社会功能得到有效的发挥，使科学与社会之间向着正向的互动迈进呢？对此，贝尔纳十分注重对科研的规划。科研规划既是科学系统自身运行机制的需要，也是社会对科学控制的需要。由于竞争、垄断、官僚主义、组织不完善和缺乏协调等原因，贝尔纳认为当时科研的效率十分低下。他估计科学经费和科学家的精力大约有 50% ～ 90% 都给浪费掉了。为了提高科学的效率和发展速度，促进科学成果的推广和科学人才的成长，而把关于科学发展的研究成果变成政府决策能了解的东西，正是科学学的任务。也正因为如此，贝尔纳说："要想把科研效率略微提高一点点儿，就必须有一种全然不同的新学科来指导。这就是建立在科学学基础之上的科学战略学。"[1] 贝尔纳一贯主张并大力宣传把科学方法运用于科学自身，全面规划、精心组织、严格管理。根据社会主义国家的经验，尤其是第二次世界大战中军事研制工程的经验，贝尔纳认为："有计划地协调各门科学和技术，使之像一个巨大的企业一样是完全必要的和可能的。"[2] 可见，贝尔纳的科学观已经十分接近美国物理学家温伯（A.M.Weinberg）在 1961 年提出的"大科学"观念。

宏观调控是贝尔纳历史主义科学观的特色之一。贝尔纳认为，科学战略的调控是科学社会化的必然结果，也是科学地改造科学的最终

[1] ［英］J.D. 贝尔纳 . 科学的科学 [M]. 北京：科学出版社，1985：255.

[2] 涂德钧 . 贝尔纳的科学社会学思想 [J]. 科学技术与辩证法 .1997(5)：59.

手段。尽管科学的任务是探索未知领域，充满着不可预测的因素，但是根据社会的需要和科学自身内在的发展趋势，仍然是可以在宏观上加以规划的。只不过这种规划不是僵死的，而是随着情况的变化可以修订的。由于科学的巨大能量，它已经能够对社会的宏观发展方向产生影响，因而，相对于科学来说，社会因素的影响在某些方面必然也是宏观层面上的。就科学自身而言，科学具有一种如建筑金字塔般求大的趋势，其程度已经远远超出了微观层面的研究机构所能及的范围，必然依托于更大规模的支持，即整个社会的支持。这种量的变化导致了不同质的问题的产生，使对科学建构的管理从单纯的机构管理上升到宏观战略的调控。同时，国家之间在经济发展上的不平衡造成的对科学支持力量的差异，也是战略调控产生的原因。

在其奠基性著作《科学的社会功能》一书中，贝尔纳论述了通过国家宏观规划，科学的巨大潜能才能充分实现。这是因为首先，规划有助于科技资源的合理配置，提高科研效率。科技资源总是有限的，为了避免资源浪费，对科学适当计划是必要的。要提高科研效率，并使科学更好地服务于社会，必须实施计划管理。当然，"这是一项非常困难的任务，因为要把科学事业组织起来，就有破坏科学进步所绝对必须的独创性和自发性的危险。科学事业当然决不能当作行政机关的一部分来加以管理，不过无论在国内还是在国外特别是在苏联，最新的事态都表明，在科学组织工作中把自由和效率结合起来还是可能的。"[1] 保持规划与自由之间的必要张力。

其次，宏观调控可以实现基础科学和应用科学的良性循环。由

---

[1] ［英］J.D.贝尔纳.科学的社会功能[M].陈体芳译.桂林：广西师范大学出版社，2003：26.

于资本家唯利是图，科学成果通常可以在最易获利的领域里迅速得到应用，但这些领域往往并非其最能发挥作用的地方，相反，在最能发挥作用的地方，科学成果却难以得到应用。所以，"在一个无政府状态的生产制度下，我们难以把科学上的可能性和技术上的需要结合起来"。[1]宏观调控有助于改变这种状况，使科学成果各得其所，合理应用，进而科学的合理应用为基础研究提供条件，刺激其发展，最终在基础科学和应用科学之间建立起良性循环。同时，他认为，对科学实行宏观调控，并不一定像有些人所说的那样，会限制或妨碍科学家的自由。相反，计划和自由是可以有效地结合起来的。"应该把现代的科学自由看作是行动的自由而不仅是思想的自由。"[2]所谓行动自由就是科学家不仅有从事研究的自由，而且还要有获得从事研究必要条件的自由。对科学实行规划管理，就是为了通过组织的力量为科学家排忧解难，使之不仅有思想上的自由，而且还有行动上的自由。科学规划应当是深思熟虑和充分考虑到科学发展的不可预料性。

科学战略规划是贝尔纳科学地改造科学的最根本的手段，它保证了科学建构的不断更新，也保证了把科学置于人类普遍利益的监督之下。这一观点无疑是贝尔纳在理论上倾向于马克思主义的结果，他认为，社会主义制度下的国家是科学宏观调控最佳的操作基地。这也是他与社会主义国家的科学家们交流的主要理论途径之一。作为具有自身特色的理论，贝尔纳主要是从科学与政治的关系之中来对科学战略理论进行改进，他强调对科学的规划有助于提高对科学实在性和应用

---

[1] ［英］J. D. 贝尔纳.科学的社会功能 [M].陈体芳译.桂林：广西师范大学出版社，2003：206.

[2] ［英］J. D. 贝尔纳.历史上的科学 [M].伍况甫等译.北京：科学出版社，1981：435.

性的理解。

贝尔纳认为在世界范围内合理规划科学能使所有国家通过国际合作而受益。贝尔纳说："我们必须把经济、科学和政治等都包括在内的全部问题，看作一个统一的计划安排问题，使大家都处于某种国际合作，在一定程度上共同保持发展的特定局面。"[1] 根据科学的公有性原则和自己参与国际合作的切身经验，贝尔纳确信："在同一科学领域里从事工作的人们，有可能超越国家、民族、政治信仰等界线而连结在一起。这种连结将会使这一学科领域协调一致、奋发前进，使人们普遍地感受到密切合作所带来的共同利益。因此，经验使我确信，在不久的将来，一幅有序的世界科学图景将可能实现。"[2]

三、呼吁和平：防止科学的滥用

贝尔纳开创性地提出了科学的社会实践的时代课题，他指出应该在唯物史观的指导下考察科学的社会功能问题。同时，贝尔纳也揭示了科学的负面作用的根源便在于"对科学的资本主义应用"，他认为："科学家有责任也有义务关心科学的应用，组织起来并带动群众与资本主义进行斗争。"[3] 此外，贝尔纳还提出了一系列旨在充分发挥科学正面功能的完整设想。贝尔纳认为，要推动科学事业的发展必须扩大科学人才数量和改革教育，改革科学实验室和科学研究所的组织形式，

[1] ［英］J.D. 贝尔纳. 科学的科学 [M]. 北京：科学出版社，1985：250.

[2] ［英］J.D. 贝尔纳. 科学的科学 [M]. 北京：科学出版社，1985：260-261.

[3] 马来平. 贝尔纳科学社会学思想再认识 [J]. 科学学研究，2006(5).

实现科学家之间的学术自由交流，建立合理而有效的科研经费筹措与管理制度，政府制定科学发展战略等。

1. 防止滥用：科学家的伦理责任

科学学的研究内容应该包括对科学家的研究。科学家的意志和情感对科学的建立和产生有着不同寻常的作用，对于科学家的动机和责任的分析不仅是科学学的一个组成部分，这样的分析也将构成科学学其他部分的基础性研究。而对科学家在战争和和平事业中的责任的研究也一样地成为科学学的贡献和科学学的历史意义。

对于科学家的分析是贝尔纳科学学思想的一个重要组成部分，这一点类似于默顿的科学社会学。默顿的科学社会学其实质就是科学家的社会学，他将科学家看作是一个小小的社会，在这个小社会里探讨科学的问题。所以默顿的科学社会学往往会将问题仅仅局限于科学家内部，也会令人感觉科学社会学只是科学家同行的事情，与社会其他人之间并无多大关系。于是要想真正解决科学的时代问题并不很容易。贝尔纳不同于默顿，贝尔纳在科学学中讨论科学家的责任，是把科学家放到整个人类社会实践之中，将科学家与人类社会其他成员联系在一起。科学家是人类社会的成员，科学家同样需要吃饭、穿衣、睡觉，所有人类社会其他成员的必要活动，科学家一样也不能少。

科学的发展是依靠科学家来完成的。虽然今天人们已经认识到科学发展也有其自身的规律，但是不得不承认科学家在其中的重要作用。要谈及科学家的责任，或者确切的说是科学家的社会责任，应该从两个方面来理解。一是科学家在充分理解了科学的社会功能之后所应该承担的社会责任，从一定意义上讲这是科学家必须要明白的，也是科学发展能够沿着正确的道路的一个重要保证。二是科学家是人类社会的科学家，他们的工作不只是服务于科学本身，他们同样应该积极地投身于社会生活实践中去。尤其是贝尔纳生活的那个年代，战火的硝烟弥漫在本应是蔚蓝的天空，在战争的阴影下，恐惧、忧愁、饥饿袭击着人们的心灵，民不聊生。所以在贝尔纳看来科学家更应该走入社会，勇敢地承担起他们的社会责任。然而现实中，把科学与社会分离："在科学界中有一个缺乏历史根据的不成文的传统，认为真正优秀的科学家对社会问题应该一无所知，更谈不上关心。言外之意也就是说，如果一个人表现出关心社会问题，承认自己对合法当局以外的事物有所偏爱，他就同样可能在自己的科研工作中持有偏见而且不可靠。"[1]

如果作为一个科学家在一生之中遇到战争，那或许是一件不幸的事情，当然也可能存在着一些科学家认为那是一个达到不可告人目的的契机。因为每当战争爆发科学家很难回避，都将不容置疑地被卷入战争的旋涡。如果科学家表现出对战争的冷漠，除非他愿意放弃原来所从事的事业，否则就连死后那些战争暴徒们也不会放过他们。"放射性物质的研究对于科学来说无疑是一大进步，对于细菌与病毒的研究也一定是医学发展的成就，可是当他们被用在战争之中的时候，就连科学家自己也感到惶恐不安，甚至有的科学家对自己的成就追悔莫及。科学家的这一些行为被贝尔纳称之为科学之最近的堕落。"[2]

作为社会成员中的一个组成部分，科学家面对战争与和平也往往

[1]［英］J. D. 贝尔纳. 科学的社会功能［M］. 桂林：广西师范大学出版社，2003：103.

[2]［英］J. D. 贝尔纳. 科学与社会［M］. 北京：三联书店出版社，1956：221.

会陷入一种尴尬的境地，他们似乎很难避免陷入战争双方的对抗之中。处于正义一方的科学家在他们运用自己的才能与智慧改进战争技术，使自己所在一方能够尽快战胜对方，如果情况果真如此，那么这些科学家们一定会感到自己是幸运的。当然，战争毕竟还会有非正义的一面，除了科学家所在国家的政府想方设法使他们相信自己国家是为正义而战之外，另外一些强制性手段同样也会使一些意志不坚定的科学家在为战争手段的更加先进而贡献自己的智慧。这一点在贝尔纳的印象里，许多科学家并没有给后人做出很好的表率。比如说："在第一次世界大战中，科学家们的态度似乎是极其可悲的现象。他们连一点科学国际主义的气味也没有。"[1]

科学家在过去帮助过战争的进行已经成为不可否认的事实，这不仅是发生在贝尔纳一生之中的两次世界大战。在历史上这样的事例屡见不鲜，阿基米德将他的指挥用于战争，前面提到过的伽利略还曾经主动要求为战争提供他自己的科学发明，不一而足。但是，我们也不可否认，科学家在维护和平，减少战争，减少战争对生灵的屠害有着特殊的而且是不可推卸的责任。

在战争中，科学成了附庸，成了敌我双方相互残害的工具。科学的进步体现在对人类生命财产的毁坏上，科学家是这种毁坏的间接制造者。科学家在这种通过某些政治家的手传递过去的由自己间接制造出来的灾难面前，所表现出来的不同态度当然会在不同的程度上给许多不明真相的人们带来不同的心理承受力，是坚毅还是颓废，是对未来充满希冀还是对生命的绝望，科学家的言行负有不可推卸的责任。

---

[1] ［英］J. D. 贝尔纳. 科学的社会功能 [M]. 陈体芳译. 桂林：广西师范大学出版社，2003：219.

恰如科学计量学之父，贝尔纳学派的普赖斯指出的："科学的神秘性就是如此，它使人们每当需要对科学做出某种评价时，我们就不知不觉地去请教科学家本人。"[1] 但是，历史已经证明，这样制定政策的错误性。因为"人们必须承认下面这句话所具备的某种真理性：科学家在他专业之外正在变成一个外行"。[2] "一个科学家，凭借他的专业知识的训练和经验，究竟对整个科学了解多少"，[3] 究竟能否胜任上述评价科学的社会责任，肯定是一个值得注意的问题。

不过，对于科学家在推动世界和平中究竟能够起到多大的作用，贝尔纳似乎有些悲观。在他看来"科学家个人实际上是不可能为和平事业做出很大的贡献"。[4]科学家要想真正在推动世界和平上发挥作用，就需要形成一个行之有效的组织，目前就连这一点也没有做到。相反，国际和平运动科学家委员会大会得出的结果也只不过要求大家支持那些不顾迫害拒绝参加备战活动的科学家，并没有要求一切科学家不参加战争。当然，贝尔纳得出如此结论的目的并不是说说而已，也不是想为科学家推脱责任。科学家要想真正做到科学能为人类谋福利，科学不被一些人用于战争，成为残害人类、破坏人们家园的工具，科学家就需要理解和掌握科学与社会、经济生活之间的密切联系。也只有在这样的基础之上科学家才能拥有反战的立场，才能真正走上反战与维护世界和平的道路。

纳粹为什么能够很容易地迫使科学家就范，贝尔纳认为这主要应

[1] ［英］J. D. 贝尔纳. 科学的科学 [M]. 北京：科学出版社，1985：231.

[2] ［英］J. D. 贝尔纳. 科学的科学 [M]. 北京：科学出版社，1985：229.

[3] ［英］J. D. 贝尔纳. 科学的科学 [M]. 北京：科学出版社，1985：230.

[4] ［英］J. D. 贝尔纳. 科学的社会功能 [M]. 陈体芳译. 桂林：广西师范大学出版社，2003：225.

归咎于一些科学家性格上的缺陷，虽然这些科学家专心致志地工作，他们却过分地从属于国家机器，他们被纳粹灌输了相当多的法西斯主义思想，他们的爱国主义走向了极端。这主要是由于纳粹把犹太人和社会主义者作为攻击目标，而科学家们又被巧妙地分化了。显然，科学家不能仅仅囿于自己狭小的圈子里，科学家的眼光必须从自然科学扩展到社会科学整个领域，作为自然科学家为了真正能够理解战争的企图和目的，也就有必要懂得科学的社会功能。

这一点是贝尔纳建立科学学的基础之一，也是科学家想要真正负担起维护世界和平的先决条件。如果说在贝尔纳写作《科学的社会功能》的 20 世纪 30 年代，一般人还看不出来把科学与社会结合起来理解有多么重要的意义，那么等到法西斯主义推行全面的第二次世界大战的时候，科学家就应该很清楚地发现科学是怎样被用于战争的，当然这里所言的科学与战争之间的关系还不仅仅指的是科学作为一种有形武器被用于战场上。实质上，战争的爆发有着很深的社会根源，战争与科学之间的关系不仅是形态上的，它们之间还有着社会与经济生活作为纽带。

贝尔纳相信："科学家应该有两方面的作用，一是科学家有责任让自然界给人类提供足够的食物和生活的舒适的环境；一是为了人类自身的需要探究自然的奥秘。"[1] 科学家的职责不仅是探索世界的奥妙，科学家也是社会成员之一，在维护人类社会的正常秩序，维护人类所追求的美好生活方面，科学家与普通人一样具有自己应有的社会责任。不仅如此，由于科学家特殊的社会身份，他们总是比一般人掌握着更

---

[1] Andrew Brown. J. D. Bernal, The Sage of Science. Oxford University Press, 2005：75.

多的知识，这些知识往往使科学家的一些行为变成了生活中的强势导向，所以科学家对社会所负的责任应该要比普通人更多。"科学家本身是不引人注目的少数，但是令人惊叹的技术成就使他们在现代社会占有决定性地位。"[1] 他们意识到用他们的思维方式能得到更高级的客观必然性，但是他们没有看到这种客观必然性的极限。他们在政治上和伦理上的判断因而常常是原始的和危险的。其实社会的维系大多时候是靠传统伦理的力量。正如玻恩所说："还没有一个人想出过不靠传统的伦理原则而能把社会保持在一起的手段，也没有想出过用科学中的合理方法来得出这些原则的手段。"[2] 所以科学不是万能的。爱因斯坦对此有清醒的认识，他认为人文学家对世界的贡献要比一流科学家大得多。

事实上，作为科学家的贝尔纳所做的正是使传统的伦理原则与科学家结合，他自己身体力行，在维护世界和平所承担的社会责任上表现出非常强烈的积极性，为此甚至牺牲了用于科学研究上的时间参加一些国际和平会议，并在许多会议上大声疾呼科学家对于世界和平的责任，所以，贝尔纳不仅是一个理论家，也是一个自己理论的践行者，这正是他创立的科学学的特点。

2. 维护和平：科学的政治调控

用一位西方研究贝尔纳的学者的说法，对于科学和政治学，贝尔纳有一个总体上来说是完整的和平等的方法。显然，贝尔纳对于科学和政治学并没有偏向哪一边的意思，那么，理解贝尔纳将科学与政治

---

[1] 玻恩. 我的一生和我的观点 [M]. 李宝恒译. 北京：商务印书馆，1979：23.

[2] 玻恩. 我的一生和我的观点 [M]. 李宝恒译. 北京：商务印书馆，1979：23.

联系起来的目的就成了理解贝尔纳在科学学中研究一些政治问题的原因所在了。我们也有充分的理由相信，贝尔纳的出发点除了为科学决策与科学规划提供一些科学依据以外，他将科学与政治联系起来的一个重要目的是为了实现心中的世界和平。

贝尔纳认为，科学需从原先的孤立发展走向与政治、社会相协调的发展道路。科学在与政治协调的过程中实现科学与政治的互动与调控、公众参与民主控制等诸多方面的互动。政治调控科学是贝尔纳的历史主义科学学理论用于"改造科学，建立科学与社会和谐关系的最根本的手段，其目的是把科学置于人类普遍利益的监督之下，使科学沿着为人类福利的轨道健康发展"。[1]

在本书的第一章阐述了马克思主义哲学对贝尔纳的科学学思想的形成产生了根源上的影响。马克思主义政治学的重要组成部分是对资本主义的批判，这一点对于贝尔纳影响至深。在探讨科学与政治的关系的时候，在维护世界和平，寻找实现和平的途径的时候，贝尔纳的主导思想就是要人们起来反对资本主义。"十分明显科学掌握在腐朽的资本主义的手里，是永不会被用于为人民谋幸福的，而只是使剥削增长，导致失业、危机和战争。"[2] 贝尔纳曾参加英国共产党，虽然在1934年后脱离了共产党，但是马克思主义思想对贝尔纳的影响一直没有停止。他同许多科学家一样，认为要想实现科学真正的合理的利用，只有在社会主义国家才能真正实现，况且当时有苏联的实例参照。而对社会主义的追求更多的来自于对资本主义制度的腐朽性的认识和批

---

[1] 韩来平.贝尔纳科学政治学思想研究 [D].山西大学，2007：161.

[2] ［英］J.D.贝尔纳.科学的社会功能 [M].陈体芳译.桂林：广西师范大学出版社，2003：223.

判。在对待科学方面，科学的发展和科学的追求在资本主义制度下成了对利润的追求，人们变成了金钱的奴隶。就像贝尔纳所说："无足为怪的是资本主义国家的这种情形甚至使科学家们自己也仇视和憎恨科学。关于纯粹'客观'科学的一类见解的复活和对于科学之有益于社会的任何实际应用的请示，都是企图使科学逃避自己的责任。"[1]

对科学与政治之间的见解，贝尔纳在二战前后的感受和理解是不尽相同的。在他早期的一本小册子里曾经指出，政治的混乱无疑会影响创新思想的产生，战争的灾难也将随之而产生。年轻的贝尔纳是多么希望政治能够给科学提供一个宽松的环境，一个致力于造福人类的舞台。对此，在《科学的社会功能》里贝尔纳延续了自己的观点，并在实际工作中也延伸了自己的做法。尽管他没有直截了当地阐明自己的政治观点，但是他对于科学相关分析的直接目的就是为政治家们提供一个决策依据，可以这么说，这个时候贝尔纳认为对待科学与政治之间的关系在很大程度上是依赖于已有的政治，科学在一定层面是依附于政治的。即使在贝尔纳的叙述中多次阐明自己认为科学与社会是相互作用的，但在对待科学与政治之间的关系却不尽如此。

贝尔纳与其他科学家一起组成剑桥大学科学家反战团体，该团体主要协助政府传递对于民防的态度，通过科学的模型并加进西班牙内战的经验分析轰炸对于城市的影响。在这个组织的活动中贝尔纳认识了约翰·安德森爵士，使贝尔纳的政治调控科学在战争决策中得到应用。除了战争策略方面，贝尔纳的贡献还体现在基于对武器系统的创新上的策略分析，比如雷达的应用。他曾作为蒙巴顿勋爵的助手，负责对诺曼底海滩登陆部队和装备的适应性分析，他将历史资料、地理

[1]　［英］J.D. 贝尔纳. 科学与社会 [M]. 北京：三联书店出版社，1956：221.

知识、空中图片和海浪的动力学等信息结合起来，确定了海滩的坡度和承载能力对坦克和装甲车登陆的可行性，最终诺曼底登陆取得了成功，为第二次世界大战取得胜利做出了不可磨灭的贡献。战后，贝尔纳认为世界的两大阵营的冷战在很大程度上出于政治上的被隔绝状态。他尽最大努力参加世界和平大会，希望通过政治调控手段禁止原子弹使用。在苏美两大阵营处于冷战时期，他是帕格沃什科学和世界事务会议（Pugwash Conferences on Science and World Affairs）的主要发起人，而这个会议一个重要的作用就是在美国和苏联之间的主流科学和政府层面建立一个交流的渠道。

为了不至于使对贝尔纳在维护世界和平方面的贡献的理解是一种望文生义，研读贝尔纳关于世界和平的文献就变得非常必要。从表面上看，贝尔纳反对世界两大阵营的军备扩张与军备竞赛。通过政治谈判裁军是贝尔纳的主要观点。但是若细细思索会发现，贝尔纳的这些观点之中无不透露出对现代科学前沿应用于战争的担忧，这不仅仅是战争的影响还深深地困扰在人们的心头的缘故。一些大国把武器装备看成是制衡对方的必要手段，尤其是将原子弹看成是必不可少的。人们知道，原子弹的杀伤力是非常巨大的，美国人在日本投下的两颗炸弹造成的不仅是对那个时代的人们的残害，而且就在今天——六十多年后的今天，原子弹爆炸后的危害依然存在，它对人们肉体和精神上的创伤依然无法消除。可是，人们还知道原子弹是西方自然科学发展的必然结果，如果没有量子理论，如果没有放射性科学的发展，如果没有爱因斯坦的相对论，当然也就不会有今天的原子弹，没有使人们生活在以自己的聪明才智设计的恐惧之中的原子弹。

1951 年贝尔纳担任世界和平协会副主席，这个协会主要由科学家组成，它的前身就是 Campaign for Nuclear Disarmament （CND）。可以说，世界上没有人能够比科学家更懂得原子弹对人类的威胁到底有多大，也没有人能够理解原子弹对世界和平的实现有多么大的危害。和其他有良知的科学家一样，贝尔纳希望世界和平，希望通过政治谈判、政治调控，在相互妥协中实现世界和平，希望通过国与国之间达成一种约定来控制和减少核武器的研制，其实质是在科学与政治之间寻找一种平衡。研制核武器的是科学，维护世界和平的是政治，科学与政治之间的关系并不对等，实现世界和平的决定权并不在于科学。所以最终贝尔纳实现和平的抱负只能依赖于政治的远见和英明，依赖于政治家作为人类一员的道德责任感。

科学需要继续向前迈进，人类生活也要继续前行。科学不仅有着在战争中摧毁敌人的能力，也有着改善人们生活的作用。科学的两面性掌握在人们自己的手中，其决定权完全在人类自身，因为科学也是人类自己的科学。科学可以为人类服务，政治也需要为人类服务，科学与政治之间不是不可调和，合理的政治制度和有力的政治调控是科学善意利用的前提。对贝尔纳有关世界和平的论述，问题最终将归结到科学学到底在维护世界和平上有着怎样的贡献。

第五章
贝尔纳科学学思想的意义及其局限性

　　战争的非理性应用是科学陷入危机的原由之一，科学危机又使对科学的整体研究、科学的社会实践转向成了一种时代的诉求，并因此导致科学学的产生，科学社会实践转向正是在这个意义上体现了它的历史意义。贝尔纳因此开创了不同于默顿的广义的科学社会研究传统，宏观多维透视科学与社会，关注科学的社会实践，并开创了科学的外史研究传统。从另一种意义上说，既然体现时代性，当时代发展了就会表现出一定的时代局限性。贝尔纳科学学思想的时代局限性表现在对他的计划科学是质疑、对科学价值的判断上的疑难以及学科与学科群的矛盾。

一、创立科学学学科

　　科学学又称"科学的科学"，它是 20 世纪 40 年代逐步发展起来的一门综合性的边缘学科。科学学将科学作为严格的整体来研究，是一门以科学本身为研究对象的新学科，它探讨科学的社会性质、作用和发展规律，以及科学的体系结构、规划、管理和政策等问题。

1925 年，波兰社会学家兹纳涅茨基的《知识科学的对象与任务》一文中首次出现"科学学"这个词，他还讨论了建立科学学这门学科的问题。1927 年，波兰逻辑学家 T. 科塔尔宾斯基又提出了"科学的科学"这一名称。1935 年，波兰人奥索夫斯基夫妇的《科学的科学》一文，论述了科学学这门学科的研究领域。第二年，该文被译成英文发表，"科学学"的英文"Science of science"首次出现，并沿用至今。与波兰的早期科学学研究几乎同时，前苏联学者也进行了这方面的探索。如 1926 年 И. 鲍里切夫斯基在列宁格勒的《知识通报》第 12 期上，刊登了《科学学是一门精密科学》，论述了科学学的有关问题，并把"对科学的社会作用及其同其他活动领域关系的研究"称为科学社会学，而把"对科学内部本质的研究"称为科学学。

奠定科学学理论基础的是贝尔纳。1939 年，贝尔纳出版了著作《科学的社会功能》。他从科学发展的历史和现状出发，用科学的方法研究科学本身，深入地论述了科学的本质、功能、发展战略和组织管理等问题。书中引用了很多统计资料，对科学自身进行了科学的、社会的、历史的综合性研究，对科学工作与社会、经济的关系作了批判性的考察与研究。该书成为科学学研究的经典作品，被公认为科学学的奠基性著作。贝尔纳后来又出版了《科学与社会》《历史上的科学》等著作，对科学学的推广和发展做出了重要贡献。第二次世界大战期间科学学的研究一度停顿。到 20 世纪 60 年代，科学学受到各国自然科学家和社会科学家的广泛重视，开始加速发展。1964 年，为纪念贝尔纳的《科学的社会功能》一书面世 25 周年，英、美、匈牙利等国学者出版了一本论文集《科学的科学》。描述了世界科学事业发展的历史转变，论述了科学技术与社会经济的关系及协调发展的趋势，对贝尔纳当年的一些预言进行检验，并对科学技术的未来进行了展望。1965 年，在第十一届国际科学史大会上，贝尔纳和他的学生马凯联合提交了报告《在通向科学学的道路上》，报告系统地论述了科学学的定义、必要性、产生的初步条件以及科学学的特性等；1976 年，世界上第一本科学学的教科书在英国出版，即《知识的力量——社会的科学范畴》，作者是英国物理学教授齐曼，表明科学学在欧美大学中得到承认，同时不少国家也相继成立了有关科学学的研究机构。

关注科学的社会实践、关注历史上的科学、展开科学的反身性研究正是贝尔纳科学学的核心，并因此开辟了科学哲学的社会实践转向。某种程度上可以说，贝尔纳是科学哲学回归生活世界的先驱。他的科学观符合实践科学观"与境性、主体间性、历史性、反思性等特征"。[1]

1. 聚焦科学的社会功能

贝尔纳开创的科学的社会实践研究传统，指出了一条科学学的研究道路，它的目的就是为了说明科学与社会的关系，让人们知道科学具有社会功能。可见贝尔纳不是沿着西方哲学家们的足迹，他不是就哲学而研究哲学，而是从作为知识的科学转向作为社会实践的科学，在人们的社会生活实践中探讨科学的社会功能，以此来寻找科学发展之路。这条研究道路应该是受到了马克思的启发，即让科学回归社会，

---

[1]　周丽昀.实践科学观的存在论意蕴及其特征 [J].科学技术与辩证法，2005(3).

回归生活世界，从而解决科学以及人类自身的危机。贝尔纳目睹了第一次世界大战中科学的非理性应用，面对人们对科学的怀疑，作为科学家的他从为科学辩护出发，一开始关注的就是科学的社会实践即科学的社会功能。

贝尔纳对科学的社会功能的研究大致可以从三个方面做出相应的阐释。

第一，科学作为一种思想在影响着社会的发展。他认为科学通过思想的力量，直接地和自觉地对社会产生作用。科学应当是一种进步的思想，当然它必定与现实有着一定的距离，那么当"人们接受科学思想就等于是对人类现状的一种含蓄批判，而且还会开辟无止境地改善现状的可能性"。[1]而在这种可能性变成现实的时候，科学作为一种思想就实现了对社会的作用。大概贝尔纳认为这一点应该是不言而喻的，所以无须多言。

第二，科学在经济、政治生活中实现它的社会功能。可以说，贝尔纳对这个问题的认识是从马克思那里继承来的，马克思主义唯物史观认为生产力和生产关系的相互作用推动着社会发展。贝尔纳同样坚信科学对生产方式"所发挥的间接作用，目前是而且很可能在今后很长时期内仍然是它发挥作用的最重要方式"，"科学通过它所促成的技术改革，无疑是对社会生产力的一种变革，以这样一种思路下来，科学对社会产生的作用就会不自觉地和间接地显现出来"。[2]

第三，科学的社会功能在科学家身上体现出来。一方面，科学家

---

[1] ［英］J.D.贝尔纳.科学与社会[M].北京：三联书店出版社，1956：449.

[2] ［英］J.D.贝尔纳.科学的社会功能[M].陈体芳译.桂林：广西师范大学出版社，2003：449.

作为人类社会的一员，他们同样是社会中的劳动者，他们的活动本身就带有社会性。这表现在"科学家的组织，并不囿于某种课题的结合，而更像某种工会的团体。如各种国际科学联合会即是如此"。[1] 另一方面，科学家会把他们的思想通过不同的途径传播开来，而这些科学思想要想对社会产生影响也同样需要科学家之外的社会力量。当然在这个方面需要指出，贝尔纳对科学家的认识是不全面的，但是处于当时那种对科学发展的困惑时期，社会的各个方面都需要对科学重新树立信心，同样地，社会的发展与人类所面临的处境都需要科学家们负起责任和承担起相应的义务。

贝尔纳是最早关注科学的社会功能的人之一。他为什么能超越前人以及同时代的人，抓住科学的社会功能这一主题呢？因为他对科学的社会功能的认识有一个中介，这个中介就是技术。对技术的深入分析与研究体现了贝尔纳实践科学观的一个维度。然而一般的看法是，贝尔纳的科学学是关于科学的科学，似乎只强调科学，与技术相去甚远。在这里谈论技术是不是有点不恰当，或是舍本求末。那么，贝尔纳的科学学的形成与技术的发展有联系吗？如果有联系，那么这种联系又是什么？

处于当今社会，人们是不会怀疑技术对人类的影响了，技术的发展和不断壮大已经深深地改变了人类的生活，当然所谓的改变是可以被分成正反两个方面的，也就是被学术界称之为双刃剑的东西。技术一方面带来了人类的发展，使人们的生活状况得到了改善，另一方面技术也给人类提出了另一个课题，即人类与自然如何和谐相处，后者应该更加引起人们的重视。

[1] ［英］J. D. 贝尔纳 . 科学的科学 [M]. 北京：科学出版社，1985：265.

人们知道要想真正地解决技术带来的问题，必须知其然也要知其所以然。所以就需要清楚技术是什么，以及造成技术的负效应的原因是什么。而在对这个问题进行回答之前必须解决好科学与技术之间的划界问题。对于什么是科学，什么是技术，学术界争论不休，众说纷纭，一时间难以定论。

在不同的争论之中可以看出，科学和技术之所以存在区别是由于科学和技术有着不同的价值取向，或者说是目的不同。理想主义科学观认为科学是为了追求自然之真理，解释自然之奥妙，将科学之中人为的因素排除在外，使科学之中不再有人的成分。技术则不同，技术的目的是明显带有人的主观意愿，直接影响人类的生产和生活。由于目的的不一致，科学与技术自然不同，科学与技术之间当然需要找到一个界限去划清它们之间有什么不同。这个界限就是对科学与技术的不同目的的理解。

科学源于古人对自然的幻想，科学从一开始就带这些神秘的色彩，尤其西方自然科学的起源与宗教是相关的。技术通常被理解为人类实践的成果，在人类征服自然的过程中，不断地总结生产生活的过程，技巧和经验被不断的提高，技术也就随之产生了。在此基础上，一般的科学史都认为科学和技术原本是不分的，或者说原本就没有科学，随着时代的进步，科学逐渐从技术之中分离出来。事实是，现实生活并不需要对科学与技术之间有着什么样的明确无误的界限，因为随着科学与技术的发展，它们之间的联系越来越紧密了，区分它们也变得越来越难了。不过，科学、技术与工业社会的发展相结合给人类社会带来的影响远远超出了任何历史时期。工业革命实质上是技术质的飞跃，它是技术从根本上对人类社会实践产生的影响。当然，这么说不是要将科学割裂在外，因为恰恰是通过技术，科学才被转化为生产力。

科学、技术应该被理解为人类社会实践的一个重要组成部分，因而科学、技术与人类社会的发展是紧密相连的。纵观科学史与技术史，科学的发展和技术的进步都源于人类社会自身发展的需要，科学与技术可以说都是为人类社会服务的，这是科学与技术共同拥有的取向。站在人类自身的角度，科学与技术的目的是完全可以统一的。当然，或许会存在着一种疑问，即科学史上有许多科学家所作的研究完全是出于其个人的兴趣，与人类的社会实践似乎没有什么联系。可是，如果将每一位科学家放在整个人类历史长河中去理解他们的行为，难道看不出他们的研究迟早会对人类社会的发展产生影响吗？就如哥白尼研究天体运行，他起初的目的也许并不是要得出什么样的结论，要对人类进步产生什么样的重大影响，但是他的结论对人类认识和实践活动产生的巨大作用已经不用在此多加阐述了。从贝尔纳的著作中可以发现，他对科学的社会功能的信念是这样建立的：他相信技术对人类社会有直接的影响，显然技术具有社会功能。他又相信科学源于技术，因此，科学也同样具有社会功能。

对于贝尔纳所言的科学的社会功能，在今天研究科学的人们看来也并没有什么稀奇。但是如果将时间定为在上个世纪初，在那样的历史氛围中，面对两次世界大战给人们带来的苦难，以及在科学的发展中人们的困惑和质疑，寻找解决问题的症结所在，这当然需要相当的智慧，因为它需要一条新的突破口。贝尔纳将科学的社会实践因素引入了他的研究课题之中，这必然使他对科学的研究罩上了关心科学的终极意义的影子。虽然贝尔纳没有直接这么说，但是在贝尔纳著作的字里行间里无不渗透了这样的思想，这当然也应该符合今天研究贝尔纳的目的。研究贝尔纳当然应该是他想说而囿于时代的限制没有说出来的。

2. 书写历史上的科学

在贝尔纳的著作《历史上的科学》中，他不是沿着以往科学内史的路径，而是想找到科学在社会历史中所扮演的角色。也就是说，贝尔纳心目中的科学史，不是就科学论科学，把科学单纯当成累计的知识传统，而是把科学放入社会历史发展中，在历史的长河中看科学的兴衰。在考察中注意到了科学与其他知识、社会现象之间的密切关系，他说："应该更进一步地指出，在任何科学领域中，一旦一个新理论否定了旧的观念，就要毫不拖延地在那个领域进行彻底的修正。"但是，"由于旧理论曾经在自己的时代被证明是令人满意的，它们一定也有值得重视的成分"。[1] 贝尔纳科学学的历史主义特征就在于他承认科学观念在任何时期都受到社会观念、信仰等意识形态的影响，有时甚至是决定性的。历史主义科学学学派的特点就是从历史与社会相互作用中考察科学。

有学者认为，贝尔纳的科学史观是一种科学与文明交互作用的科学史观，在这种科学史观中，科学与文明之间有着的密切联系，科学作为人类文明的成果，为人类文明的发展做出了巨大的贡献。这显然还是把科学看作知识的知识论科学史观。对贝尔纳来说，把科学与文明对应似乎意犹未尽，因为科学与文明在这样的表述下变成了一种静

---

[1] ［英］J.D.贝尔纳.科学的社会功能[M].陈体芳译.桂林：广西师范大学出版社，2003：442.

态的东西，它们之间的历史的延续性没有被很好地展现出来，贝尔纳的科学史观应该不仅如此。贝尔纳是在历史地、动态地看科学与人类文明之间到底是一种什么样的关系。

贝尔纳说："我们已经看到各种机构在历史进程中产生、停滞不前和消灭的过程。我们怎么知道科学不会遇到同样的命运呢？"事实上，曾经红极一时的希腊科学也有过自己的机构，但希腊科学还是消失了。贝尔纳不无忧虑地说："我们怎么知道科学不会遇上同一种情况？"[1]在1939年出版的《科学的社会功能》绪论中，贝尔纳已经埋下了以后可能写科学史的伏笔，他认为："在回答这些问题时，只去分析目前科学的状况是不够的。要了解整个科学史才能做出完满的回答。不幸，还没有人写出或者还没有人准备写出一部科学史，来叙述科学作为一种与社会和经济情况有关的机构的历史。现有的科学史只不过是伟大人物及其成就的一种虔诚的记录，也许用来鼓舞青年科学工作者是适宜的，但是用它来了解科学作为一种机构的成长情况则不相宜。不过如果我们要了解像目前所存在的科学机构的意义和它同其他机构以及同一般社会活动的复杂关系，我们就必须设法写出这样一本历史。指明科学的前途的线索在于它的过去。"[2]相信看过《历史上的科学》的人都可以负责任地说：贝尔纳出色地完成了他的宏伟计划，他是把科学作为一种与社会和经济情况有关的机构来描述科学的历史。而且我们也会慢慢地理解贝尔纳的坚定信念：指明科学前途的线索在于它的过去。贝尔纳受黑森事件的影响，接受了马克思主义的科学观和历

---

[1] ［英］J.D.贝尔纳.科学的社会功能［M］.陈体芳译.桂林：广西师范大学出版社，2003：17.

[2] ［英］J.D.贝尔纳.科学的社会功能［M］.陈体芳译.桂林：广西师范大学出版社，2003：17.

史观，把科学放回生活世界，放回当时的历史语境中去解读，这正好是科学实践转向的一条路径，也暗合了实践科学观历史性的特征。

在《历史上的科学》的序言中，贝尔纳首先声明这部著作的出发点是基于当时人们对科学的失望与排斥而做的辩护。在那样的时代（贝尔纳生活所处的时代）中的种种苦难，乃至这些苦难和科学进展之间不可避免的关联，使作为研究科学的科学史也同人类其他事业一样都是"要找办法来克服那些面对着我们的困难并解放科学上的新力量使之为人类谋福利而非毁灭人类，那就必须重点考察目前的局势是怎样到来的了"。[1]因为我们只有在考察了它的过去以后，才能够开始判断：科学现有的社会功能是什么和科学可以有的社会功能是什么。《历史上的科学》是贝尔纳科学学的组成部分。也再次展现了贝尔纳科学学是从实践中存在的问题出发，又回归现实生活中去解决问题的实践走向。这也正是贝尔纳研究科学史的目的。

贝尔纳的科学史观究竟是什么？贝尔纳与围绕在他身边的科学家的有关科学学的一些想法都受到了1931年的国际科学技术史学大会的影响，而1931年的会议的重要之处不仅在于黑森的论文将马克思主义哲学回归生活世界的方法论带进了科学史的研究，它带给西方关于科学的研究的更重要的影响在于，它告诉西方科学家科学与社会之间有着一种不能够被忽略的关系，告诉西方科学家科学与社会之间的关系可能是研究科学自身所存在的问题的一种关键之处。所以，我们认为贝尔纳的科学史观就是想告诉人们科学与社会之间的关系，确切地说，科学是社会活动的组成部分，科学是一种社会建制，科学与社会之间

---

[1] ［英］J.D.贝尔纳.历史上的科学[M].伍况甫等译.北京：科学出版社，1981：3.

应该是相互作用的，科学具有重要的社会功能。这一点与后 SSK 实践科学观的历史性特征相吻合。实践科学观认为，科学活动的历史性特征首先体现在科学活动的变动性。认为科学不仅是已有的知识体系，也是人类不断探求知识的创造性活动。科学活动是整个人类活动的重要组成部分，它不是孤立地自主地发展着，而是有着复杂的社会历史背景。贝尔纳也认为，科学不仅是累积的知识传统，而且是一种社会建制，是社会生产力。无论是在《科学的社会功能》中，还是《历史上的科学》中，他都是把科学放于复杂的社会历史背景中，在科学的认知因素和社会因素的交织中，研究科学与社会的相互作用。

3. 展开科学的"反身性"研究

"实践的科学观是一种具有反思性的科学观。这种反思性的研究思路是相对于对象性研究思路而言的，主要表现在我们在进行科学实践，生产科学产品的同时，也在反思这些行为的合理性，进而实现自我调整、自我校正以及自我完善和发展。"[1] 以实践科学观的反思性特点观之，可以发现贝尔纳的科学学本身就是对科学的"反身性"研究。因为科学学就是"科学、技术、医学等的历史、哲学、社会学、心理学、经济学、运筹学及其他"。[2] 贝尔纳认为"科学的科学"这个术语就是"反身的"性质。"重复使用'科学'一词就是强调，我们应该着手来完成连物理学、心理学、宗教科学等都向我们提出的对主体与客体、观察者与观察对象、创造者与创造物、火种与媒介物的综合工作。这

---

[1]　周丽昀.实践科学观的存在论意蕴及其特征[J].科学技术与辩证法，2005(3).

[2]　［英］J.D.贝尔纳.科学的社会功能[M].陈体芳译.桂林：广西师范大学出版社，2003：1.

里的每一对概念都是统一的有机体。"[1] 总之，科学也应该研究它自己本身。

《科学的社会功能》可以说是贝尔纳科学学的纲领性著作。贝尔纳给这本书加上了一个副标题，即"科学是什么？科学能干什么？"。"科学是什么？"即是对科学反身性研究的回应；"科学能干什么？"是科学反身性研究的具体化，即对科学的社会影响、社会功能以及如何引导科学的社会功能使其造福于人类的回应。

一般认为反思性是一种纯粹的形而上学的思维方式，而科学的认识方式理应是对象性，只有哲学才是反思性的学问。这种看法还是局限于科学是一种理论或者概念体系，即作为知识的科学，没有把科学作为一种实践。作为实践的科学，内涵了"本体论和认识论的统一，因而本身就具有反思性"。[2] 因为我们在通过实践活动改造对象的同时，也在反思这种行为的合理性。贝尔纳理解的科学就是作为实践的科学，因而对他来说"对科学的认识必然包含着一个反思的方面，这个反思的方面不必再诉诸哲学，……它应该来自科学世界的内部"。[3] 所以，贝尔纳一直强调他的科学学就是用科学的方法对科学展开反身性的研究。

在贝尔纳看来，人类的悲剧往往恰恰就在于它成功地达到了自己想象中的目标。这样的成功是由科学来完成的，因为科学能够"同时理解一个问题的许多方面"，也能够"清楚地判断什么是个人和社会

[1] [英] J.D. 贝尔纳. 科学的社会功能 [M]. 陈体芳译. 桂林：广西师范大学出版社，2003：2.

[2] 邱慧. 实践的科学观 [J]. 自然辩证法研究，2002(2).

[3] [法] 埃德加·莫兰. 复杂思想：自觉的科学 [M]. 北京：北京大学出版社，2001：91.

愿望的现实部分，什么是其幻想的成分"。[1] 但是，科学一方面给人类社会带来了积极的一面，同时它也不可否认给人类带来了危害。对于科学应用的消极方面，贝尔纳认识到仅仅是消除它的祸害显然不够，这就需要对科学加以分析和提高。但是在贝尔纳那个年代，人们只是把科学昌明以前的粗糙愿望承接下来，很少有研究涉及这个领域。这可能是贝尔纳研究科学的科学即对科学展开反身性研究的初衷，也应该是贝尔纳科学学的出发点之一。因为在贝尔纳心中，科学是要创造出"新的美好事物，更美好的、更积极的和更和谐的个人和社会生活方式"。[2]

但是在贝尔纳所处的时代，他深刻地认识到："我们并没有研究科学的科学。……需要扩大科学以补救这个缺陷。科学越是同一般文化融合为一体，就越是需要这样做。"[3] 贝尔纳认为："今日世上的大部分疾病是直接或间接由于缺乏食物和良好生活条件所引起的。所有这一切显然都是可以消除的祸害。"[4] 人类社会面临的一项任务。这个任务已经初露端倪了，那就是要把全体人类保持在身体健康而又有效率的水平上，最好的办法是什么呢？一旦达到了这个起码标准，我们又怎样才能利用社会和文化发展的最大潜力呢？这是我们时代的关键问题。可见，只要我们在通过科学的实践改造对象，就伴随着反思。

[1] ［英］J. D. 贝尔纳 . 科学的社会功能 [M]. 陈体芳译 . 桂林：广西师范大学出版社，2003：478.

[2] ［英］J. D. 贝尔纳 . 科学的社会功能 [M]. 陈体芳译 . 桂林：广西师范大学出版社，2003：478.

[3] ［英］J. D. 贝尔纳 . 科学的社会功能 [M]. 陈体芳译 . 桂林：广西师范大学出版社，2003：479.

[4] ［英］J. D. 贝尔纳 . 科学的社会功能 [M]. 陈体芳译 . 桂林：广西师范大学出版社，2003：2.

所以贝尔纳的科学学正像他自己所认为的那样，是通过对科学的"反身性"研究，解决时代所面临的问题。

二、开创科学外史研究传统

以贝尔纳为中心，围绕着李约瑟、普赖斯、马凯等科学史家的历史主义科学学派继承并发扬了马克思主义唯物史观和历史主义分析方法，转向科学的社会实践，开启了科学外史研究的先河，在此基础上形成了历史主义科学观。

1. 继承马克思主义唯物史观

受黑森的影响贝尔纳不但继承了马克思的唯物史观，形成了历史主义科学学学派，而且在对科学的社会研究中渗透了马克思主义哲学的历史背景分析法。他的历史主义分析方法既蕴含着马克思主义唯物史观的方法论，又保留有西方传统历史主义的色彩。需要进一步加以说明的是与实践的观点一样，历史的观点成为我们理解马克思主义思想及贝尔纳思想的基础。

人类的历史观与当时科学和生产发展的状况是相适应的。17 和 18 世纪的历史观把人对自然界的关系从历史中排除出去，因而造成了自然界和历史之间的对立。唯物史观的出发点是人对自然的关系，强调只要有人存在，自然史和人类史彼此相互制约。因此，正是从这种意义上来说，真正科学的历史观应当是关于自然史和人类史密切相连的历史观。而这种科学的历史观也只有在人对自然界的两种关系，亦即自然科学（理论关系）和物质生产（实践关系）达到统一之后，才能可能出现。19 世纪恰好具备了这样的历史条件，因为 19 世纪是科学、技术和生产全面跃进的时期。历史观变成科学是以科学成为生产力为前提的。

唯物史观是马克思的"第一个伟大发现"，马克思由此发现了人类历史的发展规律。列宁指出，马克思恩格斯是通过"两个归结"发现和创立唯物史观的。他说："把社会关系归结于生产关系，把生产关系归结于生产力的高度，才能有可靠根据把社会形态的发展看作自然历史过程。"[1] 马克思主义唯物史观进一步发现了科学技术与生产力的辩证关系。马克思曾明确指出：机器生产的发展要求自觉地应用自然科学，"生产力中也包括科学"，"劳动生产力是随着科学和技术的不断进步而不断发展的"。[2] 生产力的基本要素是生产资料、劳动对象和劳动者。在生产力系统中，科学技术已经成为推动生产力发展的关键性要素和主导性要素。科学技术是现代生产力发展和经济增长的第一要素。现代社会随着知识经济时代的到来，科学技术、智力资源日益成为生产力发展和经济增长的决定性要素，生产力发展和经济增长主要靠的是科学的力量、技术的力量，再次印证了马克思的论断。

马克思主义唯物史观成为贝尔纳科学学的理论基础。在这种理论指导下把科学看作一种社会现象，才能在复杂的社会历史联系中认识科学的本质及其规律性。马克思所看到的科学，从来是和人类本身、和整个人类历史、社会生活以及实现共产主义的革命性因素相联系的。科学技术是推动现代生产力发展中的重要因素和重要力量。贝尔纳认

[1]　列宁选集.第 1 卷 [M].北京：人民出版社，1972：8.

[2]　马克思恩格斯全集.第 46 卷 [M].北京：人民出版社，1960：211.

为，马克思主义和科学的关系在于它"使科学脱离了它想象中的完全超然的地位，并且证明科学是经济和社会发展的一个组成部分，而且还是一个极其关键的组成部分"。[1] "贝尔纳在其著作中运用辩证唯物主义和历史唯物主义考察了科学发展的一般历史，揭示出工业发展和科学发展的关系、战争与科学的关系，揭示出科学发展的社会动力，他力主对科学进行计划，发挥科学的正面的社会功能。"[2] 因此，贝尔纳正是在马克思主义的唯物史观及辩证唯物主义的指导下分析科学的社会运行的。

马克思唯物史观的另一个贡献就是突出了人的历史主体地位。马克思曾开宗明义地指出："任何人类历史的第一个前提无疑是有生命的个人的存在。"[3] 从马克思主义的唯物史观出发，我们不难发现，马克思在认识到人是社会历史的主体后，发现了一个事实，就是人类社会正是以人为原点而逐渐完善和补充的。生存需要衣食住行，只有衣食住行得到了满足，才能从事社会工作和社会生产。因此，在人类历史发展的长河中，人类总是首先从事能满足自身需要的物质资料生产。社会历史是由人的活动构成的，社会历史规律是人们自己的社会行动的规律。现代社会科学技术异常发达，社会生存环境比较复杂，社会生活模式多样化，盲目追求社会进步也为社会发展带来了不少负面影响，然而人是社会历史的自然主体、是科学技术的主体却依然没有发生改变。马克思主义的唯物史观可以使"人们过去对于历史和政

[1] ［英］J.D. 贝尔纳. 科学的社会功能 [M]. 陈体芳译. 桂林：广西师范大学出版社，2003：483.

[2] 刘海霞. 马克思主义对科学史研究的影响 [J]. 山东社会科学，2006(6)：143-144.

[3] 马克思恩格斯全集. 第 3 卷 [M]. 北京：人民出版社，1960：83.

治所持的极其混乱的武断的见解，为一种极其完整严密的科学理论所代替"[1]。现代化科学技术的超前性对生产力发展具有先导作用。19世纪末发生的第二次技术革命，是科学、技术、生产三者关系发生变化的一个转折点。在此之前，生产、科学、技术三者的关系主要表现为，生产的发展推动技术进步，进而推动科学的发展。现代社会中，科学技术越来越走在社会生产的前面，开辟着生产发展的新领域，引导生产力发展的方向。但人的主体性地位依然没有变。这一点对贝尔纳产生了极大的影响，使他所关注的科学历来都是现实实践中的科学。面对科学在战争中的非理性应用，贝尔纳想到的依然是人的问题、制度的问题，要通过制度的改变来维持科学的良性发展。

贝尔纳深受马克思主义哲学的影响，不只体现在指导思想上，还充分地体现在研究科学的方法上。在历史主义的方法中涵盖着辩证方法的原则，在辩证方法中涵盖着历史主义的内容，二者是统一的。贝尔纳以辩证唯物主义的观点为指导来进行科学史、科学技术与社会的互动关系的研究，提出了很多很有价值的观点。1935年，他出版了《恩格斯与科学》一书，高度评价了恩格斯在科学上的伟大作用。1939年他出版了《科学的社会功能》一书，在历史和现实相结合的基础上，系统、全面地论述了科学的社会作用，为科学学理论的诞生奠定了理论基础。1954年他出版的《历史上的科学》，从历史的角度研究了科学对社会发展的作用。贝尔纳通过强调科学对历史的作用，维护科学的地位并引导人们注意科学社会实践的后果。贝尔纳特别呼吁特定历史环境对于促进经济条件的作用，而这些经济条件对于激励科学与技术创新是必须的。科学从属于那些历史地决定了的社会因素，因为知

---

[1]　列宁.列宁选集.第1卷[M].北京：人民出版社，1972：443.

识的价值（包括文化价值）存在于知识的应用之中，因而，纯科学与应用科学不可能做出严格的区分。

历史背景分析方法是贝尔纳考察科学及其社会功能的主要方法。贝尔纳是第一位对科学的历史及其社会功能进行全面考察与研究的科学家，他认为对于科学的分析应放到当时的社会历史背景中去进行，特别是进入 20 世纪以来，科学已经不是个人的事业，它成为大工业集团甚至整个国家的事业，科学发现与发明不再是个人的发明与发现，而是科学共同体的共同成果。因此，科学的作用、功能的研究必须结合其赖以生存的社会环境来加以认识才能发现一系列关于科学的社会问题，并且有针对性地提供了政策建议。正是从这个角度出发，贝尔纳成为科学史由内史向外史转向的开创者之一。

2. 树立科学社会史研究丰碑

受马克思主义唯物史观的影响，贝尔纳认为科学的功能发挥的如何，对社会的发展以及科学本身的发展将产生极大的影响。超越传统科学史和科学哲学的局限性，贝尔纳将科学与社会（政治、经济、文化）相联结，以整体论的角度来考察科学发展的规律及特征，并因此成为科学外史研究的开创者之一。甚至从某种程度上影响了 20 世纪 70 年代中期形成的社会建构主义的英国科学知识社会学的爱丁堡学派和巴思学派。[1]

所谓内史（internal history）主要研究科学知识体系自身发展的历史及其中体现的规律，包括各门自然科学学科发展史。内史论强调科学史研究只应关注科学自身的独立发展，注重科学发展中的逻辑展开、概念

[1] 魏屹东.科学社会学方法论：走向社会语境化 [J].科学学研究，2002(2)：127.

框架、方法程序、理论的阐述、实验的完成，以及理论与实验的关系等，关心科学事实在历史中的前后联系，而不考虑社会因素对科学发展的影响，默认科学发展有其自身的内在逻辑。所谓外史（External history）则研究科学在社会中的发展历程，因而主要研究在社会系统内部，科学系统与其他诸多社会子系统之间的互动关系史。考虑社会、文化等因素对科学发展的影响，"强调科学史研究应更加关注社会、文化、政治、经济、宗教、军事等环境对科学发展的影响，认为这些环境影响了科学发展的方向和速度，即在研究科学史时，把科学的发展置于更复杂的背景中"。[1]贝尔纳独特的科学史观使他成为科学史由内史转向外史的开创者之一，在科学史研究中拥有重要的历史意义。

回顾科学史发展的历程可以发现，针对科学的研究历程大致可以分为两个阶段，即第一阶段主要以研究内史为主，时间分期上大致可以追溯到科学的产生直至20世纪80年代前后，这一点可以从历史上存在的各种旨在揭示科学知识体系内部规律的书籍、史料中窥见一斑。第二个阶段，科学研究出现了从注重内史研究向注重外史研究的一大转折，这一现象主要出现在20世纪30年代，其中标志性的成果便是贝尔纳于1939年出版的《科学的社会功能》，这一现象在当下仍然较为明显。国际科学史权威刊物《ISIS》第五任主编A.撒克利（A.Tharchary）在《创造历史》一文中总结这一转向时说："科学史的重心发生了变化，……，从内部的思想史转向了复杂的文化整体的社会学或人类学研究。"[2]在这一时期，科学共同体针对科学的研究越

---

[1]　刘兵.克丽奥眼中的科学[M].济南：山东教育出版社，1996：24.

[2]　A.Tharchary，"Making History"，ISIS，1981，72：9.转引自魏屹东.科学史研究为什么从内史转向外史[J].自然辩证法研究，1995(11).

来越多地向外史转变。这一变化可从科学著作的发表状况上得以窥见。针对这一现象，A. 撒克利专门对《ISIS》杂志自 1913 年到 1992 年 80 年间的论文和书评内容进行了计量研究，发现科学史的确发生了从内史向外史的转向，80 年代以前以内史研究为主，80 年代以后以外史研究为主。[1] 但是，这并不意味着抛弃了科学史研究中内史的研究。就当今世界学术界的发展状况而言，呈现出外史、内史研究互补，携手共进的现象，即科学史发展表现出"内史→外史→内→外史"的发展模式。[2] 这一新现象在世界范围内也略有区别。其中，在当今世界的科技中心——美国，较为明显地表现出这一特征，在技术高度发达的欧洲、日本等地区也较为明显。而就我国学术界的研究现状而言，更多地关注于科学的外史研究，信手翻来一本科技期刊，无不充斥着旨在研究科学外史的"科技与社会"这一命题的论文。这或许与我国的基础科学不发达及长久以来形成的"致用""实用"思想不无关联，因这一话题与本书意旨关联不大，故此处便不再赘述。

贝尔纳开创的科学外史研究传统，开启了科学史研究的新领域，但他的思想与 20 世纪 60 年代崭露头角、同为科学外史研究学者库恩的思想也有所不同。在与库恩的比较中可以发现贝尔纳的史学主张。库恩主张内史与外史的有机结合和互为补充。贝尔纳则基于当时的社会环境，认为牛顿及培根研究纲领指导下的科学史研究主要侧重于对科学体系内部的发展规律进行探讨，不再能适应现时代科学与社会的发展。他认为在马克思主义的唯物史观的指导下，对科学的历史研究

---

[1]　魏屹东，邢润川 . 国际科学史刊物 ISIS 1913-1992 年内容计量分析 [J]. 自然科学史研究，1995(2).

[2]　魏屹东 . 科学史研究为什么从内史转向外史 [J]. 自然辩证法研究，1995(11).

应该更为注重科学的外史研究，将更多的注意力集中于科学发展过程中与其他社会子系统之间的互动关系，以便掌握规律，规划科学，使科学正确、合理地发展，尽可能地规避科技发展带来的负面影响。贝尔纳通过对科学研究客体的历史考察，得出"科学研究是一个认识对象不断扩展的历史过程的结论……微观层次上，由经验事实、原理、概念、定律、科学思想和传统等相互作用组成了科学理论；中观层次上，不同理论之间相互作用推动理论的完善和革命；各种理论的不断分化和综合构成了在宏观层面丰富多彩的科学的复杂知识体系"。通过对科学研究主体的历史考察，发现"科学活动已经经历了一个由个人→群体→共同体→社会建制的变化过程"。"更重要的是他对科学与社会历史的平行考察，使他看到科学系统是社会大系统的一个子系统，科学要素与社会其他要素同形同构。"[1] 可见，贝尔纳科学史形成的是关于科学的认识对象、研究主体以及科学的应用的立体体系。

库恩因不满逻辑实证主义只对知识作静态分析和批判理性主义"不断革命"的科学观，在实际考察了科学发展的实际历史之后，库恩提出了"范式""不可通约性""常规科学""科学共同体"等新概念，从而描绘了一幅新的、动态的科学发展图景，库恩主张内史与外史的有机结合、互为补充。库恩将"内史论"称为"内部进路"，把"外史论"称为科学史的"外部进路"，并主张"虽然科学史的内部进路和外部进路多少有些天然的自主性，其实它们也是相互补充的。直到它们实际上做到一个从另一个引申出来，才有可能理解科学发展的一些重要方面"。[2] 库恩认为科学的发展经历了一个从以外部史为主到内

[1]　韩来平.贝尔纳科学政治学思想研究[D].山西大学，2007：141.

[2]　T.库恩.必要的张力[M].范岱年，纪树立译.北京：北京大学出版社，2004：11.

部史为主的内在化过程。"在一个新学科发展的早期，专业人员的注意力集中在主要是由社会需要和社会价值所决定的那些问题上。在此期间，他们在解决问题时所展示的概念，广泛地受到当时的常识、流行哲学传统或当时最权威科学的制约。"[1]因此，当时他们使用的方法主要是外部的方法。但随着科学共同体内部专业思想的逐渐统一，外部因素对它们的影响相应地减少了，这时科学家的研究就会转向科学本身内部产生的种种课题了。不过，需要指出的是，虽然主张内史与外史的结合，但库恩并未将二者放在同等的地位，而是主张外史实际上是为内史服务的，这也是他和贝尔纳的不同之处。他认为只有先从内史角度解释科学的发展后，外史才能发挥作用，展示诸如外部的、非科学的观念、利益等有可能影响科学的方面。[2]

对于内史与外史的这场争论，从目前的结果来看，到底科学史研究应该走向何方，没有一个定论。但是有一点是争论双方都不可否认的，那就是科学史也是人类历史的组成部分。既然如此，科学同样属于人类社会，科学的发展史也就与人类社会的发展史紧密相连。以此而言，讨论科学的内史与外史的区分也就显得意义不大，而且科学哲学的社会学转向和实践转向本身也在消解内史与外史的区分。

可见，贝尔纳历史主义学派不同于库恩学派，他们始终关注科学的社会历史性，即科学外史。视科学为一种社会建制、生产力要素，把科学看成是社会中的一个要素或是一个社会子系统。在这里科学的社会建制可以从两个方面理解，就科学的内部结构而言，科学本身的

---

[1] T.库恩.必要的张力[M].范岱年，纪树立译.北京：北京大学出版社，2004：119.

[2] 王云霞.试论库恩科学史观[J].北京理工大学学报（社科版），2007(9)：92-95.

逻辑发展形成了其独特的知识传统和方法体系，而从事科学活动的科学规范使科学共同体形成了特殊的社会体制；就科学外部而言，"科学意味着我们对待宇宙和世界的一种态度，它也是改变社会，同时又为社会所制约的社会巨系统中的一环"。[1] 这两方面都表明，无论是具体科学还是作为整体的科学都处于一个存在各种要素的环境当中，因此，无论科学建制内部、建制本身还是社会因素都不是固定不变的，而是开放的。

3. 彰显历史主义科学观

科学观是人们对于科学总的看法和根本观点。科学观的萌芽和形成不但取决于科学本身的发展程度和水平，而且取决于是否有正确的哲学观。贝尔纳的科学观深受马克思主义的影响。马克思科学观并不是一种就事论事的理论，也不同于一般的西方科学哲学和技术哲学。它不是把科学看成是单纯的"知识体系"，也不是把技术看成是单纯的"工具和规则的体系"，它从人对自然的关系这个人类历史的基本前提出发，把科学和技术都当作社会历史现象来考虑，是关于科学这种社会事物和社会现象的哲学理论。马克思主义科学观认为作为特殊的社会历史现象，科学技术与社会环境之间应当存在着相互作用。马克思主义的科学观是建立在唯物史观的基础上的。唯物史观是关于人类社会发展一般规律的哲学理论，在这种理论视域中，科学是一种社会现象，只有这样才能在复杂的社会联系中认识科学的本质及其规律性。马克思所看到的自然科学，从来是和人类本身和整个人类历史、

[1] 肖娜.试论贝尔纳历史主义科学学理论构建的基石 [J].科技管理研究，2006(1)：39.

社会生活以及实现共产主义的革命性因素相联系的。

贝尔纳也认为科学在历史形态上一直是社会中一个不可分割的组成部分，在现实形态上科学正在影响当代变革而且也受到这些变革的影响。再次证明贝尔纳眼中的科学是关乎科学的过去、现在和未来以及科学与其他社会子系统互动的动态整体的科学。由于其历史主义的观点与方法，贝尔纳被称为历史主义科学学学派。通过对科学史的分析，贝尔纳得出了理论科学学纲领即科学的历史性宏观调控和预测，从而论证了传统研究科学的模式的弊病在于孤立地考察科学的发展与应用，忽视了发展与应用背后的原动力。同时证明了对于科学的规划在理论上是如何可行的，从而得出建构科学学学科的可能性和必要性。

历史主义学派以贝尔纳为主要代表，集结了李约瑟、普赖斯、马凯等诸多科学史家，他们共同创立了历史主义学派科学学，形成了历史主义科学学学派科学观。贝尔纳学派的历史观决定了他们的科学观有别于理想主义科学观和现实主义科学观。

在《科学的社会功能》中贝尔纳分析了这两种科学观。在贝尔纳看来，这是两种对科学的理解。一种观点是指那些企图寻找一种理论或描绘一幅理想的图景，使这样的理论和图景能够与经验事实相吻合。另一种观点则将功利的目的放在首位，科学变成了实现这一目的的手段和无尽的力量，当然这样的科学是不去理会它在实践中带来的后果。不论是前者还是后者，在今天看来这两种科学观都带有个人主义色彩，应该属于科学事业中的单干主义者，他们都带着各自的偏见在科学的道路上孤独前行，但他们都忘记了科学本应是无私的，科学是属于全人类的。所以，不论从科学的目的还是从科学的手段等任何角度去看待科学，科学都不应被简单地如此理解。

　　理想主义科学观的人认为科学是追求真理的纯粹智力活动，其功能是建构与经验世界相符合的意义世界，即创造能解释经验事实的理论，不承认科学有任何实用的社会功能，或者至多认为科学的社会功能是一个比较次要的和从属的功能。人们仅仅把科学作为一种思维活动，或者说科学是为认识而认识的纯认识。如果说科学只是单纯的智力活动，这种智力活动只是一些纯粹的观念，在这些观念之中根本无法容纳人类的存在，确切地说，这样的一些观念并没有将科学看成是与人类实践有关的科学。科学家连同他们的科学成果一起远离人间，远离社会，于是"成为小孩，而后成为白痴"。因为"生活比梵文或化学或经济学难得多"。[1]科学似乎就是追求真理的过程，那么将科学方法直接当成是科学的目的就显得不足为奇了，在这里科学本身就是目的。所以，理想主义科学观根本不可能关注科学在社会中的应用。

　　功利主义科学观在现实中的表现就是把科学看作是一种通过了解自然而实现支配自然的手段。这种观点的人看来科学可以源源不断地为人类提供新方法、新工具和新的途径，"功用"和"进步"字眼会不断地出现在这些人的理论之中。对于这种科学观贝尔纳在他《科学的社会功能》中指出，科学的功能被这样一些人理想化为"普遍造福于人类"。其实，即使在今天基于人类共同的感情，对于这样的理论人们也不能够对它提出什么反对意见。可是当功利主义科学观，面对人类生活现实状况时，那些铿锵有力、掷地有声的誓言好像不再有什么底气，所以贝尔纳说现代科学就如同古代道德学一样都不是万能的灵丹妙药。"如同古代道德学解决不了人人有道德的问题，现代物质

―――――――――――

[1]　［英］J.D.贝尔纳.科学的社会功能［M］.陈体芳译.桂林：广西师范大学出版社，2003：153-154.

科学在事实上也解决不了普遍富裕和幸福的问题。"[1] 对于战争以及比历史上任何战争都更可怕的未来战争的威胁一样束手无策，况且从一定意义上讲这样的结果都同现代科学有着不可磨灭的联系。

通过对科学发展史考察与分析，贝尔纳认为两种科学观都有局限性，一般来说，科学的目的包括三个：心理目的、理性目的和社会目的。在推动人们进行科学方面，好奇心与追求真理的精神对科学的促进在科学史上是屡见不鲜的，但作为公认的历史主义学派，贝尔纳学派的科学观深深地打上了历史的烙印。他眼中的科学是与社会互动的科学。他认为很多时候促使人们去做科学发现的动力并不是为了满足好奇心和追求所谓的客观真理。"促使科学发现和这些发现所依赖的手段，便是人们对物质的需求和物质工具。"[2] 人们之所以长期坚持理想主义科学观的原因只有一个解释："科学家和科学史家们忽视了人类的全部技术活动，尽管这些活动至少也如同伟大的哲学家们与数学家们所从事的抽象思维一样，和科学有许多共同点。"[3] 所以，要真正理解科学，必须把科学放于广阔的社会、历史大背景之中。因为单是了解目前的科学是不够的，更需要了解目前的状态是怎样形成的，了解"科学是怎样受以往社会变化的影响，以及科学本身又转而如何改造社会的"。[4] 不仅如此，贝尔纳还认为："指明科学前途的线索

[1]［英］J.D.贝尔纳.科学的社会功能 [M].陈体芳译.桂林：广西师范大学出版社，2003：11.

[2]［英］J.D.贝尔纳.科学的社会功能 [M].陈体芳译.桂林：广西师范大学出版社，2003：9.

[3]［英］J.D.贝尔纳.科学的社会功能 [M].陈体芳译.桂林：广西师范大学出版社，2003：10.

[4]［英］J.D.贝尔纳.历史上的科学 [M].伍况甫等译.北京：科学出版社，1981：4.

在于它的过去。不论多么草率，我们只有在考察了它的过去以后，才能够开始判断科学现有的社会功能是什么和科学可以有的社会功能是什么。"[1]"此举牵连到平行地研究所有社会史和经济史对科学史的关系。"[2] 可见，科学活动不是"为科学而科学"的理想主义科学观所能解释的，科学活动是人类的历史实践活动，是与其他人类活动相互作用的。科学史上的重大事件如科学革命都会引起社会生活和人们观念的巨大变革。

　　贝尔纳学派关注科学的社会实践为特征的科学观体现在其基本理论中，贝尔纳认为，科学需要从原先的孤立发展走向与政治、社会相协调的发展道路。在与政治协调的过程中实现科学与政治的互动与调控、公众参与民主控制等诸多方面的互动。政治调控科学是贝尔纳的历史主义科学学理论用于"改造科学，建立科学与社会和谐关系的最根本的手段，其目的是把科学置于人类普遍利益的监督之下，使科学沿着为人类福利的轨道健康发展。"[3]

　　强调宏观调控准确地迎合了其所处特殊时代的需要，引起了社会的高度重视，具有开创性。"这种观点和社会主义苏联的影响共同产生了强调宏观调控的历史主义纲领，在科学史上，他们通过分析科学的历史性，强调科学对社会条件的依赖；在科学学上，则通过突出科学实践中的社会性行为的重要作用，实现对科学的合理化改造。"[4] 总之，贝尔纳学派的科学观，突出强调科学的社会历史性，因而强调对科学展开

[1]　［英］J.D.贝尔纳.科学的社会功能 [M].陈体芳译.桂林：广西师范大学出版社，2003：17.

[2]　［英］J.D.贝尔纳.历史上的科学 [M].伍况甫等译.北京：科学出版社，1981：2.

[3]　韩来平.贝尔纳科学政治学思想研究 [D].山西大学，2007：161.

[4]　肖娜.论贝尔纳学派的科学学 [D].湘潭大学，2001：31.

全方位的规划、调控和预测，从而形成完整的历史主义科学观。

三、贝尔纳科学学的时代局限性

贝尔纳科学学思想的时代局限性表现在对他的计划科学的质疑，中立抑或非中立的科学价值判断上的疑难以及学科与学科群的矛盾。贝尔纳的局限性是时代局限性、历史局限性。

1. 计划抑或自由：规划科学质疑

19 世纪末至 20 世纪初期，科学作为人类认识、改造自然的工具，被把持在少数人手中，成为剥削欺诈、掠夺财富的手段。尤其是第一次世界大战给人类社会带来了前所未有的灾难，科技的负面效应开始全面显现。人们突然发现科学宛然成为了一个与战争的血腥、苦难和贫困紧密联系的工具。由此，人们不得不对科学重新进行审视，并实现有效管理。此时，原先那种自古典以来的理想化的科学观认为的科学研究由于其自身的精神和本性，自然而然地必将使社会更加进步的乐观主义态度渐渐地漏洞百出，进而被一种对科学的批判态度所取代。甚至科学自身的存亡也成为问题，在这种危机之中，当时学术界的先锋思潮要求对科学的发展进行一定程度的干预，以避免科学的破坏性结果，尽可能地改变少数人控制科学的现状，进而规避这一现状带来更为严重的消极影响。

与此同时，在世界各国领导阶层中依然弥漫着自由、放任经济的思想。放任的经济发展战略导致了市场经济的弊端凸显，最终导致了

1929 ~ 1933 年全球性经济危机的爆发。于是，"放任的自由主义观念在当时的各个学科领域都受到了挑战。干预理论由经济学中开始，并且由于它的巨大成功而得到了各界的承认，放任政策的道德基础——认为作为契约的国家应当无为而治的观点——被消除而让位于相信权力干预能够更大地促进社会利益的新观点"。[1] 正是在这种背景下，贝尔纳适时提出了科学的发展应与社会系统紧密联结，实现国家对科学事业发展的有效规划，以规避科技负效应带来的诸多社会问题。"这种观点和社会主义苏联的影响共同产生了强调宏观调控的历史主义科学学纲领。"[2] 贝尔纳认为，科学需要从原先的孤立发展走向与政治、社会相协调的发展道路。科学在与政治协调的过程中实现科学与政治的互动与调控、公众参与民主控制等诸多方面的互动。贝尔纳学派的这一观点准确地迎合了其所处特殊时代的需要，具有开创性的价值，在当时具有十分突出的意义并引起了社会的高度重视。

1938 年，英国科学促进会甚至成立了科学的社会与国际关系分会，专事宣传和推进计划科学的活动。科学计划的实质是社会需要和国家意志的表达，以及科技资源的配置，认为科学家有义务也有责任为社会需要和国家的正当意志服务，不能过分强调科学家或科学共同体的自由，而无视社会需要和国家的正当意志。作为计划科学派的代表人物，贝尔纳通过规划科学所要解决的与其说是使科学有利于经济发展的需要，不如说是要满足人类对科学提出的更大要求，"使科学来解决更大的、必须正视的人类和社会问题"。[3] 即科学真正成为变革社会的主

---

[1] 肖娜. 论贝尔纳学派的科学学 [D]. 湘潭大学，2001：31.

[2] 肖娜. 论贝尔纳学派的科学学 [D]. 湘潭大学，2001：31.

[3] ［英］J.D. 贝尔纳. 科学的社会功能 [M]. 陈体芳译. 桂林：广西师范大学出版社，2003：551.

要力量。也就是说，"科学学要解决的是科学向何处去的问题，它通过合理地规划科学来为社会谋取最大的福利，并非是当下的和局部的福利，而是长久和全面的福利"。[1]

在全球性经济危机后期，以美国为代表的资本主义国家纷纷改弦更张，改变了以往放任自由的经济管理政策，改为实行国家凯恩斯主义战略。凯恩斯主义国家干预理论认为，国家应该干预经济的发展而非放任自流。国家资本主义经济体制的建立，促使国家将大量与经济、社会、政治发展相关的行业纳入政府管理范围内部。可见，随着时代的变迁，主宰社会发展的主流经济思想发生了变化，由原先的经济放任转变为国家资本主义。由此一来，贝尔纳的思想变成了现实。作为社会建制的科学事业完全被国家、政府纳入管辖范围内部，政府开始关注科学的社会运用。可以说，历史主义科学学纲领准确地迎合了当时的社会需要，在当时具有理论超前性，但是历史主义纲领也必然会由于其纲领的历史特殊性而受到社会条件变化的考验。

随着时代的发展，产生于特定时代背景下的贝尔纳计划科学理论已经无法满足新时代发展的需要。因为在当代由于科学的重要性，对于科学的国家干预已成现实的条件下，再强调宏观调控可能会反过来抹杀科学的特殊性和科学自由，以至于造成科学灾难。20 世纪30 年代，英国科学界爆发了一场关于"科学是要计划还是要自由"的激烈争论。争论的核心问题是：国家科学事业计划的可行性，以及这种计划的范围、方式和程度。反对派的代表人物是英国化学家、哲学家波兰尼。波兰尼则主张科研应独立于政府的控制之外，他强调科学本身的内在价值，即科学具有某种善或自由。他对斯大林主

---

[1]　肖娜 . 论贝尔纳学派的科学学 [D]. 湘潭大学，2001：33.

义对科学家的迫害提出批评，反对苏联的经济体系和集权主义政权，1940 年发表了《自由的耻辱》。他对英国政府组织科学促进战争的策略提出质疑，发表了自己的科学自由观，即科学应有科学家个人自由地发展，而不应受宗教或教条式的干预。

波兰尼一派主张："科学是完全自主的事业，自由不仅是科学家的权利，也是发展科学最有效的手段。科学的充分发展会自动促进社会其他目标的实现，社会不应也不必干预科学。总之，计划科学不仅不可行，而且危害严重。"[1] 主要危害是"计划科学极易把国家目标凌驾于科学自身的目标之上，那么，以短期社会功利的有无与大小衡量科学价值，即改变科学评价的尺度将在所难免。而评价标准的改变又会进一步导致科学评价主体的改变，即科学评价权将由科学共同体转移到政府手中。所有这些改变都会为政府干涉科学界内部事务，以及科学界少数善于钻营的人恣意妄为留下巨大空间"。[2]

当代理论对贝尔纳计划科学的超越正是体现在"反对将科学技术与社会经济条件的关系扩大化，反对将科学视为能与社会经济条件直接相关的一个社会系统，希望保证科学行为在一定程度上的封闭性和自主性"。[3] 对贝尔纳而言，在他所处的时代科学技术一方面取得了无以伦比的进步，推动社会日新月异地变化；另一方面，科学技术又未能增进普遍的社会福利和公共安全。在这种矛盾的状态下，希望通过宏观和整体意义上的手段，科学地协调科学技术内部各系统之间，以及科技与社会之间的关系，从而推动科学使之有利于人类的进步，

---

[1]　马来平.贝尔纳科学社会学思想再认识 [J].科学学研究，2006(5).

[2]　马来平.贝尔纳科学社会学思想再认识 [J].科学学研究，2006(5).

[3]　肖娜.论贝尔纳学派的科学学 [D].湘潭大学，2001：32.

因此，与整个经济和社会相关是贝尔纳的科学学计划科学的前提。但是以库恩的《科学革命的结构》的发表为标志，"科学的历史主义整体论就受到挑战。库恩认为脱离具体科学内容来宏观地讨论科学革命是不可能的，不能想象作为整体的科学在增进社会福利时，各门具体科学能够同样地起作用。同样也不能设想宏观调控科学在对科学本身做出整体改造时，能够同样地改造各门具体科学"。[1] 波普尔在《历史主义的贫困》中同样阐述了这个观点，认为："全体意义上的整体不可能当作是科学研究的对象或者任何其他活动的对象，例如控制或重建的对象。"[2] 如果我们研究一个事物，只能选择它的某些方面，我们不可能观察或描述整个世界或自然的全貌，事实上，即使是最小的全貌也不可能如此来描述。整体主义认为集团决不能视作只是个体的集合体，它具有个体所不能包括和解释的独特性质。贝尔纳学派的思想并未能够实现与时代发展的同步性，仍然停留在把科学作为一个整体，在整体主义思想的指导下，计划科学成为可能，建议通过宏观调控，国家政府将科学纳入国家事务内部。贝尔纳的科学学思想的局限性在于，虽然认识到科学属于整个社会系统的子系统，不能脱离社会系统而独立存在，但同时却又造成了对科学事业发展的相对独立性的忽视。

2. 中立抑或非中立：科学价值观疑难

对于科学的价值问题，贝尔纳不同于一般科学价值中立者只看到科学的应用环节，他关注到了科学建构过程中的组织形式——科学建

---

[1] 韩来平. 贝尔纳科学政治学思想研究 [D]. 山西大学，2007：162.

[2] [英] K. 波普尔. 历史主义贫困论 [M]. 何林译. 北京：中国社会科学出版社，1998：60.

制，他认为从科学的形成过程和它追求的目标来看，它是主观的。显然贝尔纳已经具备了迈向科学价值非中立的可能性。然而，当贝尔纳面对科学在战争中的应用而依然坚持科学可以造福于人类时，就必然认为科学本身并没有问题，它是价值中立的。在贝尔纳的科学学里始终存在没有被贯通的两条线。

科学价值中立还是非中立，学术界一直存在着争论。科学价值中立论者认为，既然科学是关于经验世界事实的普遍描述，科学是关于客观事实的判断，那么它就与主观的价值无关，价值问题完全是在知识的范围之外，应当排除以个人的好恶作为价值评判的标准，以免导致对事实的歪曲，避免重蹈用信仰与强权来取代事实与真理的覆辙。在这种价值观主导下，科学与它的应用是分开的。科学价值中立说的主要论点是认为科学知识是客观的，科学是关乎事实的、客观的、追求真理的、理性的，可以进行逻辑分析的；价值是关乎目的的、主观的、追求功利的、非理性的，不能进行逻辑分析的。科学只是一个以自己为目的的系统。

科学价值中立的观点，反映了西方科学界在科学知识系统发展达到一定水平之后，认为有必要主动排除意识形态等主观价值的干扰，以相对纯化的方式对待其研究，以便适应科学客观性的要求。马克斯·韦伯提出了"价值中立"说，并把它作为科学研究必须遵守的方法论规范原则，他甚至认为"一名科学工作者，在他表明自己的价值判断之时也就是事实充分理解的终结之时"。[1] 为什么科学是价值中立的呢？价值中立论者认为，首先，科学作为一种纯粹的手段，可以被应用于任何目的。科学的中立性是指科学作为工具手

---

[1]　［德］韦伯.学术与政治[M].上海：三联书店，1998：38.

段的中立性，它与它所服务的目的只具有或然性的联系。其次，科学与政治之间没有直接的关联，无论是对于社会主义社会还是对于资本主义社会来说科学的作用都是一样的。也就是说科学没有阶级性。科学的社会中立性归因于它的"理性"特征和它所体现的真理的普遍性。因此，科学可以在这种社会中发挥作用，同样也可用来在那种社会发挥作用，可以提高不同国家、不同时期和不同文明的劳动生产率。可见，中立论者主张科学无涉于政治、社会，只是一种在不同背景下可以用于不同用途的手段。认为只要科学上是可行的，就可以付诸研究，不应受到社会因素的任何干扰，进而提出了"科学无止境、技术无禁区"的口号，为科技活动的进行打开了为所欲为的方便之门。巴伯在《科学与社会秩序》中，提到这样一个例子：在一次对某个科学家群体进行民意调查时，大多数科学家表示他们绝不会抑制一种发现，无论它有何种后果。这意味着对一些科学家来说，只有客观存在，没有价值判断，没有善恶标准。[1]

相反，持价值非中立的人认为，科学不仅具有自然属性还应具有社会属性。科学本来就是人类的科学，是人类对自然的认识，在科学的发展过程之中，必然会烙上人类的影子，人类自身的价值观念也必然会影响和渗透到科学研究之中，科学是一个社会建构过程，科学不应也不会是价值中立的。持这种观点的人还认为科学家在科学发展中有着不可忽视的地位与作用，科学家的感情因素、价值观念等也会不自觉地渗透到他所研究的对象之中。贝尔纳虽然也经常强调在科学发展与科学管理中科学家应该担负起相当的社会责任，但他强调的恰恰是在研究和应用科学时要尽可能地避免将个人感情渗透于科学之中，

---

[1] ［美］巴伯.科学与社会秩序[M].上海：三联书店，1991：245.

在科学的不当应用危害人类时科学家要勇于运用自己的特殊地位来减少和消除危害。所以，"中立"抑或"非中立"，对贝尔纳来说是一个问题。

贝尔纳虽然没有明确表明自己在科学价值观上的立场，在具体分析贝尔纳的科学观之后，可以察觉到他的科学价值观的疑难。贝尔纳面对科学在战争中的不合理利用，并没有悲观或者陷入反科学思潮，反而主张科学可以造福于人类。不难看出，贝尔纳这种主张的基础是科学是价值中立的。他认为战争中科学的应用给人类带来的伤害主要是由于人们对于科学的不合理应用，并不是科学本身的问题，问题的根源在人类自身。也就是说，只要人们将科学应用到正确的地方，科学并不会给人类带来危害。贝尔纳认为科学具有的几种形相，除了是累积的知识、一种建制、生产力要素之外，科学还是一种方法。方法往往与手段联系在一起，方法和手段总是趋向于一定的目的和结果。主体所采用的方法和手段以及所要满足的目的和结果，并不在于方法和手段，而在于主体自身，因为方法和手段各式各样，主体完全可以自由选择。当目的和结果出现问题时，其根本原因在于主体，方法和手段并不需要负责。就像英国哲学家罗素所说："科学技术不像宗教，它在道德上是中立的。它保证人类能够做出奇迹，但是并不告诉人们做出什么奇迹。"[1] 从这个意义上可以说贝尔纳应该持有科学价值中立的观点。

从历史的角度看科学价值中立论是有其合理性的，尤其是在科学发展的初级阶段。但仔细分析贝尔纳的观点，可以发现，他把科学看作一种纯粹的手段，与政治因素、社会因素和道德观念并无关联，科

---

[1] ［英］罗素.西方哲学史 [M].何兆武，李约瑟译.北京：商务印书馆，2004：6.

学只是随时准备为其使用者的目的服务的工具。贝尔纳认为科学在战争中的非理性应用，是由于人们的不当使用，不能将问题归咎于科学。科学本身并不包含任何目的，也不存在任何价值判断。科学真的不包含任何目的和价值判断吗？其实，科学应该是自然属性和社会属性的统一。价值中立观割裂了科学的自然属性和社会属性，也割裂了科学和科学的应用，是一种片面的价值观。他的所谓科学"手段论"体现了科学的自然属性，从科学的自然属性角度来理解科学本质，当然不会产生道德与政治问题。但是，随着社会的发展，近现代科学物化为强大的技术系统，机器的地位凸显，人反而是被动的，要服从机器的指令，因此在这种情况下，仅仅把机器看作中立的工具、手段显然是有失偏颇的。

虽然贝尔纳割裂了科学和科学的应用，有科学价值中立的迹象，但与他同时代的默顿似乎走得更远、更彻底。在默顿看来，科学建制的目标就是要获得"准确无误的知识"，科学是真理，科学的发展是真理的不断积累。如果把科学比作是一座永远不会封顶的摩天大厦，那么，真理就是建造这座大厦的一块块砖头。在这里科学反映的是客观世界的现象和规律，不掺杂任何个人的或是社会的因素。一旦这些"杂质"渗入到其中，必将造成科学知识的失真，并妨碍科学的正常发展，科学的大厦也将会岌岌可危。那么如何才能保证科学建制目标的顺利实现呢？这就需要科学家们在生产科学知识的每一个环节中，尽可能的避免或是减少个人的或是社会的因素对科学知识的影响和侵蚀。这一点正是默顿所揭示的科学家行为规范的目标所在。他提出的四条科学规范就是为了防止各种"杂质"对科学知识的污染，保证科学知识的真理性。默顿认为："近代科学，亦即在 17 世纪变得明确起来，而且持续至今的那种类型的科学工作，其基本假设就是一种广泛传播、出自本能的信念，相信存在着一种事物的秩序，特别是一种自然界的秩序。"[1] 可见，默顿承袭了西方传统科学观，相信存在这种自然秩序，科学应设法靠近它，找到它。换言之，科学的内容是自然界决定的，与人为因素无关，因此是静态的。可见，依据不同，视角不同，默顿科学价值中立的立场更加彻底。

　　直观来看，默顿的科学价值中立说的观点似乎可以自圆其说，没有什么大的问题。深入分析之后就会发现，他的科学价值中立的思想观念显然只注意到了科学的内在价值，即科学的真理性，而且为了保证科学的真理性不惜排除一切个人因素和社会因素。认为科学的内容由自然界决定，与人无关。这些恰恰是默顿学派被 SSK 诟病之所在，在 SSK 的视野中，科学及科学活动不可能完全脱离社会意识形态、阶级利益的影响和约束。在社会科学甚至在自然科学研究中，研究者本人就是社会中的一个成员，因此，他必然会把他所属的阶级、阶层、社会团体、民族的利益、价值观念、政治倾向和信仰等带入研究过程，并在一定程度上影响研究结果。正如毛泽东曾经指出：在阶级社会中，每个人都在一定的阶级地位中生活，各种思想无不打上阶级的烙印。与默顿不同的是，贝尔纳的价值中立观并不彻底，他认为很多时候"促使人们去做科学发现的动力并不是为了追求所谓的客观真理，促使科学发现和这些发现所依赖的手段，便是人们对物质的需求和物质工

---

[1]　［美］R.K. 默顿 . 十七世纪英国的科学、技术与社会 [M]. 范岱年等译 . 成都：四川人民出版社，1986：150.

具"。[1]贝尔纳认识到科学是一种社会建制，承认科学社会性和科学形成过程的主观性，为他可能走向科学价值非中立预留了可能性。

在现代社会中，我们看到的是科技的作用不断被人类强化，随着被广泛应用和推崇，它还具备了经济功能、政治功能、文化功能、社会功能等，无所不入无所不包。科技以座架的方式参与并构造今天的世界，它不仅改变了人们对自然界的观点，把人眼中的自然世界图景变成科学的世界图景，还参与并构造人的意识世界，改变了传统的世界观、哲学观。胡塞尔在《欧洲科学的危机与先验现象学》指出："在19世纪后半叶，现代人让自己的整个世界观受实证科学支配，并迷惑于实证科学所造就的'繁荣'。这种独特现象意味着，对于那些真正的人来说，极为重要的问题被轻描淡写地抹去了。只看重事实的科学造成了只看重事实的人。"[2]胡塞尔认为这种世界观是以数学方式构造世界，世界被构造成一个科学的世界、理念的世界。

所以，按照社会建构论的观点，科学是负荷价值的，科学具有相对的价值独立性。科学一方面遵循客观规律，另一方面科学活动具有社会建构性。科学具有特定的价值取向，这种特定的价值取向对于社会文化价值取向具有动态的重构作用。科学在一定社会制度或社会条件下所表现出来的价值是科学的外在价值，外在价值的实现又受到一定的社会制度对科学规范的制约。可见，科学与社会是双向建构的。贝尔纳认为，科学与社会具有不可分离性，科学必然是对不断变化的社会历史现状的一个抽象，社会现实性要求科学时刻根据社会要求而

[1] ［英］J.D.贝尔纳.科学的社会功能[M].陈体芳译.桂林：广西师范大学出版社，2003：9.

[2] 倪梁康.胡塞尔选集（下）[M].上海：三联书店，1997：981.

不是自身的理论或逻辑的要求来改变自己的方向，创新自己的体系。科学知识体系的完整性就在于它的开放性，只有科学的种种结论被人遵循时科学才算完整，故而，科学与社会实践，科学与技术密切联系不可分割。贝尔纳正是由科学的开放性，认识到科学是一个社会建构过程，它蕴含了科学设计主体和社会应用主体的内在价值观念和价值判断，脱离了人类背景科学就不可能得到完整意义上的理解。"人类社会并不是一个装着文化上中性的人造物的包裹，那些设计、接受和维持科学的人的价值观与世界观、聪明与愚蠢、倾向与既得利益必将体现在科学的身上。"[1] 由此可见，科学负荷价值是完全成立的，也是客观事实。

贝尔纳也认为科学的一个重要形相是作为一种建制而存在的，也就是说科学首先是一种有组织的活动，贝尔纳科学观的要点也在于科学本性的社会性。"科学不能被仅仅看成是一种客观的知识体系，尤其不能被看作是一种脱离社会和文化环境的知识体系。我们应该首先将科学看作一种社会活动，一种社会建制，它是由作为道德载体的人来实现的。因此，科学工作者在科学研究中无论是选题，进行研究或者关于研究成果的应用都要做出价值判断，都不是价值无涉的，不能采取超然的态度。"[2] 也正因为如此，如果进一步研究贝尔纳对科学的理解，用今天的语言，可以说贝尔纳应该持科学价值非中立的观点。因为贝尔纳不同于一般科学价值中立者只看到科学的应用环节，他已经关注到科学建构过程中的组织形式——科学建制；而且贝尔纳更倾

---

[1]　John M. Staudenmaier, Technology's Storytellers: Reweaving the Human Fabric [M]. Cambridge, Mass: The MIT Press, 1989: 165.

[2]　张华夏. 科学本身不是价值中立吗？[J]. 自然辩证法研究，1995(7).

向于认为，从科学作为一个存在的事物和完整事物来看，它是人类所知的事物中最客观的；但从科学的形成过程和它追求的目标来看却是主观的，受到心理因素支配的。在批判理想主义科学观时，贝尔纳恰恰反对"科学仅仅同发现真理和观照真理有关，它的功能在于建立一幅同经验事实相吻合的世界图像"的观点。[1] 显然贝尔纳并不认为科学仅仅关乎事实、追求真理。他指出"科学本身就是目的，科学就是为认识而认识的纯认识"，[2] 并不是完全有益的观点。可见，贝尔纳已经具备了迈向科学价值非中立的可能性。

然而，这里存在一个悖论，当贝尔纳面对科学在战争中的非理性应用而依然坚持认为科学可以造福于人类，科学首先要具备一个前提条件，即科学本身并没有问题，如果有问题也是科学之外的，即科学首先是价值中立的。在科学中立论者看来，科学在本质上是价值中立的，并无所谓好与坏、善与恶的问题。不应将科学与科学的应用联系起来，由科学发展所带来的一系列负面社会后果问题，只应当从主体的角度，从社会关系、社会制度的角度寻找其产生的原因，科学并不需要为这种后果承担任何责任。但是"如果我们不知道我们行动的后果，就可以声称对行动免除责任的话，这种对知识不了解的伪装是没有道理的。我们不得不去做的是把它们的功能找出来"。[3]

于是，科学价值中立抑或价值非中立在贝尔纳那里就形成了一个相互交错的矛盾，面对这样的矛盾贝尔纳的姿态是回避。他说科学是

[1] ［英］J.D.贝尔纳．科学的社会功能 [M].陈体芳译．桂林：广西师范大学出版社，2003：7.

[2] ［英］J.D.贝尔纳．科学的社会功能 [M].陈体芳译．桂林：广西师范大学出版社，2003：7.

[3] J.D.Bernal.Science and the Humanities an inter-faculty lecture, 1964: 11.

一种建制，是为了要说明科学的社会性和科学的社会功能；他说科学可以造福于人类，是由于科学也是一种方法，也是生产力。在贝尔纳的科学学里存在这样两条线，他始终没有将两条线贯通起来。这就是贝尔纳科学价值观的疑难。可以说，贝尔纳的局限性是历史局限性。而且我们不得不说处于贝尔纳的时代，他的思想已经非常超前了，我们不能求全责备。

3. 学科抑或学科群：科学学发展的矛盾

"科学的科学"是 T. 科塔尔宾斯基教授在 1927 年创造的，奥索夫斯卡和奥索夫斯基的《科学的科学》一文，正式使用了"科学的科学"（Science of science）这个术语。贝尔纳认为："作为一般的阐述，我们可以采纳普赖斯的定义，他认为科学学就是'科学、技术、医学等的历史、哲学、社会学、心理学、经济学、运筹学及其他'。"[1]　因为其研究对象的复杂多变性，很难界定科学学到底是一个学科还是一个学科群，在后来的发展道路上，一直伴随着学科与学科群的矛盾。

作为科学学的奠基者，贝尔纳被定位于开创了一门独立的学科，即科学学。贝尔纳是把科学看作一个整体，要用哲学、社会学、历史等的方法去研究科学、技术等。贝尔纳认为，科学事业已经形成一个有待综合研究的统一独立的研究领域，科学学的存在与发展同各分支学科密切相联系，互相促进，然而并不归结为其中某一分支学科。科学学本身作为一门完整的学科，是统一的而又分门别类的一门综合性

---

[1]　［英］J.D. 贝尔纳 . 科学的社会功能 [M]. 陈体芳译 . 桂林：广西师范大学出版社，2003：2.

科学。"科学学也可以分为理论的和应用的两个部分。前者是描述和分析，说明科学和科学家活动的方式。后者是综合和规范化，提出的问题是：如何使科学应用于人类社会的需要。"[1] 科学学这样的一种学科定位源于马克思主义和苏联学者的影响。苏联学者就曾经致力于建构一种统一的科学学理论，如 T.M. 多勃罗夫的"基本科学学"。贝尔纳以马克思主义哲学为理论指导，把科学看作一种生产要素，通过分析科学对政治、经济、文化、教育等的影响，力求总结出科学发展的普遍规律，并希望通过宏观和整体意义的手段，科学地协调科学技术内部各系统之间，以及科学技术学与社会之间的关系，从而实现科学造福于人类的理想。

这种理论直接以前苏联的科技政策作为实践和检验的对象，随着苏联模式影响力的衰减，后期贝尔纳学派走向分化。因为要用哲学、社会科学等方法研究科学、技术，全面了解科学的社会功能，仅有一门学科是远远不够的，一个学科无法容纳如此庞大的研究对象，必须建立多门学科，形成一个以科学系统、技术系统为研究对象的学科群。具体表现在宏观整体研究比重的下降，不再追求整体意义上的科学的社会功能，而是"从各个特殊的视角上，以特殊的方法对科学进行分解。研究科学领域某一侧面的特殊规律和专门的知识体系，如科学经济学、科学计量学、科学组织学等，由研究对象的共同性把它们联结到一起，构成了统一的科学学学科"。[2] 于是，科学计量学、科学社会学、科学管理学、科学经济学等取代了贝尔纳学派统一的科学学理念，科学学

[1] ［英］J.D. 贝尔纳 . 科学的社会功能 [M]. 陈体芳译 . 桂林：广西师范大学出版社，2003：2.

[2] 肖娜 . 论贝尔纳学派的科学学 [D]. 湘潭大学，2001：1.

日益表现出学科群的特点。贝尔纳学派所构想的统一的科学学学科在当代由各个学科分别继承，学派曾经关注过的其他问题，在当代分别成为科学史、科学情报学、科学计量学、科学组织学乃至科学哲学的主题。后期贝尔纳学派分化过程明显。

例如贝尔纳学派的普赖斯就是学派走向分化的代表。作为贝尔纳学派后期的重要代表人物，普赖斯于1948年研究物理学论文数量增长现象，发现了科学文献指数增长规律，绘制了著名的普赖斯曲线。1962年起，他开始研究书目计量学、图书馆学和科学政策，并与美国费城科学信息研究所建立密切联系。他根据该所编辑出版的《科学引文索引》判断科学论文的价值，提出科学论文增长的统计模型，为信息科学研究工作奠定了基础。他曾担任过联合国教科文组织的科学政策顾问。普赖斯一生主要围绕科学的数量研究（包括科学社会学和科学政策）、科学仪器、科学的社会—历史理论三个方面的问题。他的十四本著作和两百多篇文章为科学仪器史、科学史、科学社会学、科学计量学、科学政策等学术领域都做出了引人注目的贡献。普赖斯不仅作为一个科学史家跨越了科学史与科学计量学、科学社会学、科学政策等其他以科学为研究对象的学科的界限，而且作为一个以科学为对象的研究者跨越了人文社会科学和自然科学的界限。[1] 他的最大的贡献便在于开创了科学计量学的研究，并引领贝尔纳学派走向分化。

按照学科发展规律，一般都会经历综合、分化、再综合的过程。时代召唤新的综合的出现，科学技术学应运而生。科学技术学一出现，

---

[1]　任元彪.普赖斯和他的《巴比伦以来的科学》[J].自然科学史研究，2001，(20)4：368-376.

就旗帜鲜明地给自己贴上了学科群的标签，避免了学科和学科群的矛盾。科学技术学（Science and Technology Studies，简称 S&TS）是一个生机勃勃的跨学科领域，在北美和欧洲其枝叶日渐繁茂。一批社会学家、历史学家、哲学家、人类学家和工程技术人员关注于科学技术的进程及其结果，而这个领域正是他们的交叉研究成果。由于是跨学科的学科群，所以它在研究进路方面特别多样化，具有创新性。对于如何理解以科学技术为主导的现代世界，这个领域的研究成果和争论所产生的影响几乎无处不在。

当代国际 S&TS 研究领域总体的特点是，传统科学学研究的热点被不断推进，在学科发展过程中，科学学应用研究、科学学理论研究、科学学方法研究相互渗透，共同发展；学科不断分化，新的研究热点不断形成。形成了一个以科学技术为研究中心的庞大学科群。1995 年到 2004 年间，在国际 S&TS 舞台上总体上形成了 7 大研究领域："1 科技政策与管理；2 信息搜索技术；3 科研指标与评价、科学知识图谱与可视化；4 科学合作；5 科学计量学与信息计量学理论；6 科学知识社会学；7 信息检索技术与信息科学。"[1] 这些领域不但涵盖了传统科学学理论、应用和方法的研究，而且涉及众多学科和新的热点。

科技政策与管理研究是 10 年来最热门的研究领域，但从 2003 年开始，传统的热点被不断推进。具体流变过程如下：在科技政策与科技管理研究领域中，知识管理异军突起，近几年呈增长态势。"国家创新体系研究则从科技政策与管理领域分化出来，……成为科学学研究新的增长点。""科学合作研究融入到了退居第二线的科技政策与

---

[1]　侯海燕等.当代国际科学学研究热点演进趋势知识图谱[J].科研管理，
2006，27(3)：90-96.

管理研究中。"[1] 另外，科学计量学研究异军突起，基于科学计量学的引文分析的科学知识图谱与可视化技术成为重要的新兴研究领域，从1995 年到 2004 年，这一领域一直呈上升趋势，到 2003 年已经超过了科技政策与科技管理上升到了主流研究领域。例如在国际科学学研究中，科研团队、学术团体、科学合作起先是作为科学学应用研究的领域。自从美国科学计量学家最早倡导对科学合作进行计量研究，并由德国科学计量学家克里奇默推动，2000 年建立了以科技合作为研究对象的网络组织 COLLNET，成为科学计量学新的生长点，从而促进科学学方法研究的发展。同时，科学合作研究及科研指标与评价理论，与科学计量学理论相融合，形成了独立的以科学合作为主体的科学学理论研究领域。

对比国际 S&TS 研究趋势，可以发现我国科学学方法研究总体上落后于发达国家。主要表现为跟踪国际前沿的时滞性与缺乏方法研究的独创性。当科技指标与评价的研究高潮已经过去之时，我国正在缓慢步入热潮之中。当网络计量学、科学知识图谱及可视化技术于 20 世纪 90 年代在国际科学学界异军突起之际，我国直到现在才刚刚起步。随着信息技术尤其是网络检索的发展，今后的科学学方法研究中，要加强网络计量学、信息计量学、信息检索技术、引文分析、科学知识图谱及可视化技术等科学学方法的前沿研究。

国际 S&TS 研究趋势对我国科学学以及科学技术学发展的重要启示在于，我们要加强科学学理论与方法研究，形成理论、方法与应用研究的相互交融、相互支撑。通过对"2005 年我国科学学发展动向的

---

[1]　侯海燕等. 当代国际科学学研究热点演进趋势知识图谱 [J]. 科研管理，2006, 27(3): 90-96.

词频分析可以得知，企业、技术、创新、管理、科技、发展是频次最高的前六位"。[1] 这些词的高频率出现说明了中国科学学研究的应用化走向。重视应用研究是应该的，显示出我国科学学研究面向技术创新、国家科技进步和科技体制改革的良好传统。可是，问题在于我国的科学学理论和方法研究不受重视，发展太薄弱，由此导致大量的应用研究如同空中楼阁，因为缺少理论与方法的支撑从而限制了研究成果质量的提高。

贝尔纳科学学局限性的原因可以从两方面来理解：一方面，理论都是特定历史条件下人类认识发展的产物，科技进程的推进以及社会的发展，既为科学学的完善提供了广阔的发展空间，也提出了更高的要求，对规划科学以及科学价值中立的突破实属必然。另一方面，从学科自身的发展来看，科学学在完成了学科建构的任务之后，一个学科无法容纳如此庞大的学科群，必须建立多门学科，形成一个以科学系统、技术系统为研究对象的学科群。贝尔纳虽然有以上局限性，但他的局限性是时代局限性，对他的局限性的超越正是当代理论的发展。

---

[1]　张雁.基于词频分析的我国 2005 年科学学发展动向探析 [J]. 世界科技研究与发展，2007(2).

结语
科学：回归生活世界

科技进步赋予社会强大的认识、改造自然的能力，然而，如同阳光下任何事物都有影子一样，科技的能量也可以带来巨大的灾难。贝尔纳在 20 世纪初就看出了问题的存在，他说："如同古代道德学解决不了人人有道德的问题一样，现代物质科学在事实上也解决不了普遍富裕和幸福的问题。战争、金融混乱、千百万人所需要的产品被人甘心情愿地毁掉、普遍的营养不良现象、比历史上的任何战争都更可怕的未来战争的威胁等，这些都是我们在描绘现代科学成果时必须指出的现象。"[1] 灾难的存在，考验着人类应对灾难的能力和智慧。然而，现在人类的困境在于：人类尽管具有很多知识和技能可以看出问题所在，然而却不能理解它的组成部分的起源、意义和相互关系，因此不可能有效地做出反应。这是为什么呢？应该是囿于人类观念的限制，是西方传统的认识论和方法论的局限性。

西方科学的成功主要表现在其客观性原则和还原论方法的运用。

---

[1] ［英］J.D. 贝尔纳.科学的社会功能[M].陈体芳译.桂林：广西师范大学出版社，2003：12.

客观性原则认为应该不掺杂任何人类影响地客观如实地反映自然界。其所用的方法是还原论方法，认为找到构成世界的本原，即构成世界的最基础的物质，就可以解决所有问题，所以西方科学在这种认识论、方法论的影响下，发展最快的两个方面是对物质构成和机械运动的研究。特别是"大约300年前突然爆发了智力活动：现代科学和技术诞生了。从那时以来，它们以不断增长的速度发展着，大概比指数还快，它们现在把这个世界已经改变得使人认不出来了"。[1] 于是，科学技术的成功使人们禁不住推广科学方法、科学态度到一切领域。这就是近代哲学的科学世界观。然而，科学家所从事科学研究的方法也许只在科学研究之中有效。而且人们渐渐认识到科学技术拥有多大的创造能力的同时就拥有了多大的破坏力，面对科学技术到底是天使还是魔鬼的质疑，我们不得不反思问题到底出现在哪里？

慢慢地，人们清醒地意识到：在自然科学突飞猛进地发展的推动下，物质生活在日新月异地发生改变，然而，这一切是否增加了人类的幸福？如果人们没有感到幸福，相反却因为物质欲望的过度刺激而更加焦躁、不满、忧郁，那么我们一定要反思是否我们的价值观出了问题。

胡塞尔认为欧洲人所面临的危机的实质是科学的危机。他认为科学"危机"表现为科学丧失了生活的意义。"现代人漫不经心地抹去了那些对于真正的人来说至关重要的问题。只见事实的科学造成了只见事实的人。"[2] 因为西方人坚信在理性之上，先验的或者是超验于经验之上的东西成为科学追求的对象，也正是在这样的基础之上虽然获

---

[1] ［德］玻恩.我的一生和我的观点[M].李宝恒译.北京：商务印书馆，1979：22.

[2] ［德］胡塞尔.欧洲科学危机和超验现象学[M].上海译文出版社，2005：6.

得了科学知识，却忘记了人的存在，忘记了世间万物的存在。可见，科学危机从认识论转变成另外一种形式，而这种形式比科学的认识论危机更加令人心惊胆战，因为科学在今天的发展带来了人类自身生存的危机，这才是每个人都被迫面对的问题。

其实，科学技术也许并不是一切，也带不来一切。科学必须回归生活世界。"科学家本身是不引人注目的少数，但是令人惊叹的技术成就使他们在现代社会占有决定性地位。"[1]但是，"一群专家在一个狭窄的领域所取得的孤立知识，其本身是没有任何价值的，只有当它与其他所有的知识综合起来，并且有助于整个知识体系回答'我们是谁'这个问题时，它才真正具有价值"。[2]也就是说，自然科学知识并不因为它的物质效应而比其他领域的知识更加重要，相反，自然科学知识价值的体现恰恰在于它是整体知识体系的一部分，它必须也只能通过人的实践活动，即人们活生生的生活实践才能与其他所有的知识综合起来去回答关于人的最基本的问题。

只有让科学回归生活世界——一个整全的世界，将科学理解为作为社会实践的科学，才有可能勾画出科学的整体图景。因为只有实践的科学才有可能包含了主体与客体、人与自然、人与社会的统一。而宇宙本身是统一的，宇宙的统一性就表现为客观与主观、生命与非生命、人类本性和社会之间的密切和必然联系。

认识不到这一点，我们有再多的知识也没有用，因为我们的知识是零碎的，没有放到一个整体之中，成为关于整体的知识、为整

---

[1]　［德］玻恩.我的一生和我的观点[M].李宝恒译.北京：商务印书馆，1979：23.

[2]　［奥］薛定谔.自然与古希腊[M].颜锋译.上海：科学技术出版社，2002：96.

体服务的知识。也就是我们有知识，但是没有智慧。智慧是圆融的、整体的、包容的、根本的，是知识贯通之后的升华。知识可以利人，也可以害人。智慧则不同，智慧是认知人生及宇宙真实的能力，有了智慧必能舍弃假相，而了解真相。智慧是不会害己，也不会害人。害人又害己，就不是智慧了。

参考文献

（按拼音排序）

中文参考文献

1. 马克思恩格斯全集 [M]. 第 1，2，3，4，19，20 卷 . 北京：人民出版社，1960.

2. 马克思恩格斯选集 . 第 1-4 卷 [M]. 北京：人民出版社，1995. 恩格斯 . 自然辩证法 [M]. 北京：人民出版社，1984.

3. [英] A.L. 马凯等 . 科学的科学 [M]. 北京：科学出版社，1985.

4. [法] 埃德加·莫兰 . 复杂思想：自觉的科学 [M]. 北京：北京大学出版社，2001.

5. [美] B. 巴伯 . 科学与社会秩序 [M]. 顾昕等译 . 北京：三联书店出版社，1991.

6. [澳] M. 布里奇斯托克等著 . 科学技术与社会导论 [M]. 刘立等译 . 北京：清华大学出版社，2005.

7. [英] C.P. 斯诺 . 两种文化 [M]. 陈克艰，秦小虎译 . 上海：科学技术出版社，2003.

8. [美] D. 克兰. 无形学院——知识在科学共同体的扩散 [M]. 刘珺珺，顾昕，王德禄等译. 北京：华夏出版社，1988.

9. [德] 胡塞尔. 欧洲科学危机和超验现象学 [M]. 上海译文出版社，2005.

10. [英] J.D. 贝尔纳. 科学的社会功能 [M]. 陈体芳译. 桂林：广西师范大学出版社，2003.

11. [英] J.D. 贝尔纳. 历史上的科学 [M]. 伍况甫译. 北京：科学出版社，1959.

12. [英] J.D. 贝尔纳. 科学与社会 [M]. 北京：三联书店出版社，1956.

13. [美] J. 加斯顿. 科学的社会运行——英美科学界的奖励系统 [M]. 顾昕等译. 北京：光明日报出版社，1988.

14. [英] J. 齐曼. 元科学导论 [M]. 刘珺珺等译. 长沙：湖南人民出版社，1988.

15. [英] J. 齐曼. 知识的力量——科学的社会范畴 [M]. 许立达等译. 上海：上海科学技术出版社，1985.

16. [英] J. 齐曼. 真科学——它是什么，它指什么 [M]. 曾国屏等译. 上海：上海科学技术出版社，2002.

17. [美] J. 科尔，S. 科尔. 科学界的社会分层 [M]. 赵佳苓，顾昕，黄绍林译. 北京：华夏出版社，1989.

18. [英] K. 波普尔. 历史主义贫困论 [M]. 何林译. 北京：中国社会科学出版社，1998.

19. [美] 劳丹. 进步及其问题 [M]. 方在庆译. 上海译文出版社，1991.

20. [英] 罗素. 西方哲学史 [M]. 何兆武，李约瑟译. 北京：商务印书馆，2004.

21. [英] M. 戈德史密斯、A.L. 马凯 . 科学的科学 [M]. 北京：科学出版社，1985.

22. [英] M. 波兰尼 . 科学、信仰与社会 [M]. 王靖华译 . 南京：南京大学出版社，2004.

23. [德] M. 玻恩 . 我的一生和我的观点 [M]. 李宝恒译 . 北京：商务印书馆，1979.

24. [美] R.K. 默顿 . 科学社会学（上、下册）[M]. 鲁旭东，林聚任译 . 北京：商务印书馆，2003.

25. [美] R.K. 默顿 . 科学社会学散忆 [M]. 鲁旭东译 . 北京：商务印书馆，2004.

26. [美] R.K. 默顿 . 论理论社会学 [M]. 何凡兴译 . 北京：华夏出版社，1990.

27. [美] R.K. 默顿 . 社会研究与社会政策 [M]. 林聚任等译 . 北京：三联书店，2001.

28. [美] R.K. 默顿 . 十七世纪英格兰的科学、技术与社会 [M]. 范岱年等译 . 北京：商务印书馆，2000.

29. [德] 施太格缪勒 . 当代哲学主流 [M]. 上卷，商务印书馆，1986.

30. [美] T. 库恩 . 科学革命的结构 [M]. 金吾仑，胡新和译 . 北京：北京大学出版社，2003.

31. [美] T. 库恩 . 必要的张力 [M]. 范岱年，纪树立译 . 北京: 北京大学出版社，2004.

32. [英] W. 丹皮尔 . 科学史及其与哲学和宗教的关系 [M]. 李珩译 . 北京：商务印书馆，2001.

33. [德] 韦伯 . 学术与政治 [M]. 上海：三联书店，1998.

34. [美] 希拉·贾撒诺夫等. 科学技术论手册 [M]. 盛晓明等译. 北京：北京理工大学出版社，2004.

35. [奥] 薛定谔. 自然与古希腊 [M]. 颜锋译. 上海：科学技术出版社，2002.

36. 蔡仲. 后现代相对主义与反科学思潮 [M]. 南京：南京大学出版社，2004.

37. 郭强. 现代知识社会学 [M]. 北京：中国社会出版社，2000.

38. 林德宏，肖玲. 科学认识思想史 [M]. 南京：江苏教育出版社，1995.

39. 李文阁. 回归现实生活世界 [M]. 北京：中国社会科学出版社，2002.

40. 刘珺珺. 科学社会学 [M]. 上海：上海科技教育出版社，2009.

41. 刘兵. 克丽奥眼中的科学 [M]. 济南：山东教育出版社，1996.

42. 吕乃基. 科学与文化的足迹 [M]. 北京：中国科学文化出版社，2007.

43. 李醒民. 爱因斯坦 [M]. 北京：商务印书馆，2005.

44. 马来平. 科技与社会引论 [M]. 北京：人民出版社，2001.

45. 倪梁康. 胡塞尔选集（下）[M]. 上海：三联书店，1997.

46. 沈铭贤. 新科学观 [M]. 南京：江苏科学技术出版社，1988.

47. 吴国盛. 反思科学 [M]. 北京：新世界出版社，2004.

48. 吴国盛. 技术哲学演讲录 [M]. 北京：中国人民大学出版社，2009.

49. 吴国盛. 科学二十讲 [M]. 天津：天津人民出版社，2008.

50. 吴义生. 论科学 [M]. 北京：求实出版社，1989.

51. 徐纪敏. 科学学纲要 [M]. 长沙：湖南人民出版社，1986.

52. 于光远. 一个哲学学派正在中国兴起 [M]. 江西科技出版社，1996.

53. 杨适. 古希腊哲学探本 [M]. 北京：商务印书馆，2003.

54. 杨连生. 科学学 [M]. 北京：科学技术文献出版社，1988.

55. 杨沛婷等 . 科学技术论 [M]. 杭州：浙江教育出版社，1985.

56. 殷登祥 . 科学技术与社会导论 [M]. 西安：陕西人民出版社，1997.

57. 赵红州 . 大科学观 [M]. 北京：人民出版社，1988.

58. 赵红州 . 科学能力学引论 [M]. 北京：科学出版社，1984.

59. 赵红州 . 科学史数理分析 [M]. 石家庄：河北教育出版社，2001.

60. 赵万里 . 科学的社会建构——科学知识社会学的理论与实践 [M]. 天津：天津人民出版社，2002.

61. 中国社会科学院情报研究所 . 科学学译文集 [M]. 北京：科学出版社，1980.

62. 韩来平 . 贝尔纳科学政治学思想研究 [D]. 山西大学，2007.

63. 徐志宏 . 马克思科学观初探 [D]. 博士论文 . 复旦大学，2004.

64. 肖娜 . 贝尔纳学派的科学学 [D]. 硕士论文 . 湘潭大学，2001.

65. 卞敏 . 哲学与终极关怀 [J]. 江海学刊，1997(3).

66. 蔡仲 . 从社会建构到科学实践 [J]. 科学技术与辩证法，2007(8).

67. 查有梁，查星 . 科学学的奠基人——贝尔纳 [J]. 科学学研究，1996(6).

68. 陈益升等 . 贝尔纳论马克思主义 [J]. 中国人大复印报刊资料，1983(4).

69. 樊春良 . 默顿科学社会学理论新探 [J]. 自然辩证法通讯，1994(5).

70. 方勇 . 科学学的产生 [J]. 科学学与科学技术管理，2000(8).

71. 冯之浚 . 继往开来，迎接中国科学学发展的新局面 [J]. 世界科技研究与发展，1997(1).

72. 侯海燕等 . 当代国际科学学研究热点演进趋势知识图谱 [J]. 科研管理，2006(3).

73. 胡作玄 . 对科学的反思——评贝尔纳《科学的社会功能》[J]. 读书，1985(7).

74. 姜春林. 普赖斯与科学计量学 [J]. 科学学与科学技术管理.2001(9).

75. 贾向桐. 论后经验主义科学哲学发展的实践论视域 [J]. 科学技术与辩证法，2008(3).

76. 蒋国华. 科学学在中国 15 年 [J]. 科学学与科学技术管理，1995(5).

77. 陆学善. J.D. 贝尔纳教授 [J]. 科学通报，1954(11).

78. 吕乃基. 三个世界的关系 [J]. 哲学研究，2008(5).

79. 刘则渊. 赵红州与中国科学计量学 [J]. 科学学研究，1999(4).

80. 刘海霞. 马克思主义对科学史研究的影响 [J]. 山东社会科学，2006(6).

81. 刘鹏. 科学哲学：从"社会学转向"到"实践转向"[J]. 哲学动态，2008(2).

82. 刘啸霆. 评后现代教育 [J]. 高等师范教育研究，1998(6).

83. 李正风. "实践建构论"与理解科学的新视野 [J]. 自然辩证法研究，2007(7).

84. 孟建伟. 从科学哲学到科学社会学 [J]. 自然辩证法通讯，1998(3).

85. 马来平. 科学社会学诞生的历史回顾 [J]. 河北师范大学学报，2003(5).

86. 马来平. 试论当代科学社会学的马克思主义倾向 [J]. 东岳论丛，2004(6).

87. 邱慧. 实践的科学观 [J]. 自然辩证法研究，2002(2) .

88. 任元彪. 普赖斯和他的《巴比伦以来的科学》[J]. 自然科学史研究，2001(20)4.

89. 司俏. 科学学与贝尔纳——马凯论科学学的流派及其来龙去脉 [J]. 科学学研究，1986(2).

90. 盛晓明. 从科学的社会研究到科学的文化研究 [J] . 自然辩证法研究，2003(2).

91. 谭萍 . 贝尔纳与默顿科学社会学研究纲领比较 [J]. 理论月刊，2006(5).

92. 涂德钧 . 贝尔纳的科学社会学思想 [J]. 科学技术与辩证法，1997(5).

93. 唐斌 . 论 STS 教育的后现代意蕴 [J]. 教育研究，2002(5).

94. 王云霞 . 试论库恩科学史观 [J]. 北京理工大学学报（社科版），2007(9).

95. 王晶莹 . 欧美理科教育中科学本质观的研究综述 [J]. 理工高教研究，2007(10).

96. 王娜，吴彤 . 皮克林的科学实践观初探 [J]. 自然辩证法研究，2006(7).

97. 魏屹东 . 科学社会学方法论：走向社会语境化 [J]. 科学学研究，2002(2).

98. 魏屹东，邢润川 . 国际科学史刊物 ISIS 1913–1992 年内容计量分析 [J]. 自然科学史研究，1995(2).

99. 魏屹东 . 科学史研究为什么从内史转向外史 [J]. 自然辩证法研究，1995(11).

100. 吴彤 . 走向实践优位的科学哲学 [J]. 哲学研究，2005(5).

101. 席泽宗 . 解除科学史家李约瑟 [J]. 中国科技史料，1994(3).

102. 肖玲 . 论科学认识价值的增值 [J]. 自然辩证法研究，2000(3) .

103. 肖玲 . 知识生产形态初探——兼论科学史论与科学认识论的结合 [J]. 自然辩证法研究，2003(2).

104. 肖玲 . 论科学认识价值的增值 [J]. 自然辩证法研究，2000(3).

105. 肖娜 . 试论贝尔纳的科学观 [J]. 广东社会科学，2005(3).

106. 肖娜 . 贝尔纳科学学浅析 [J]. 科技管理研究，2005(3).

107. 肖娜 . 试论贝尔纳历史主义科学学理论构建的基石 [J]. 科技管理研究，2006(1).

108. 项国雄 . 后现代主义视野中的教育 [J]. 外国教育研究，2005(7).

109. 叶鹰，金玮 . 科学学的基本规律探讨 [J]. 科学学研究，2000(2).

110. 袁维新 . 科学知识社会学视野中的科学教育观 [J]. 外国教育研究，2005(7).

111. 赵长林 . 科学学的发展与命题 [J]. 聊城大学学报，2005(5).

112. 朱克曼 . 科学社会学五十年 [J]. 山东科技大学学报（社会科学版），2004(2).

113. 周阳春 . 现代反科学思潮的先声——读贝尔纳《科学的社会功能》[J]. 湖南师范大学社会科学学报，1996(6).

114. 周丽昀 . 实践科学观的存在论意蕴及其特征 [J]. 科学技术与辩证法，2005(3).

115. 张华夏 . 科学本身不是价值中立吗？ [J]. 自然辩证法研究，1995(7).

116. 张雁 . 贝尔纳与默顿：科学社会研究的两种进路 [J]. 科学学与科学技术哲学管理，2010(7).

117. 张雁 . "中立"抑或"非中立"：贝尔纳科学价值观疑难 [J]. 社会科学家，2010(7).

118. 张雁 . 实践性：解读贝尔纳科学学的新视角 [J]. 社会科学家，2009(11).

外文参考文献

1. Andrew Brown.J.D.Bernal,The Sage of Science,Oxford University Press,2005.

2. Brenda Swann,Fruncis Rahamlan.J.D.Bernal,A life in Science and Politics,Verso,London,1999.

3. J.D.Bernal.The Social Function of Science.London,1939.

4. J.D.Bernal.Science and the Humanities—an inter—faculty lecture, 1946.11.26.

5. J.D.Bernal.Has History a Meaning?The British Journal for the Philosophy of Science,Vol.6,No.22(Aug.),164—169.

6. J.D.Bernal.The relation of microscopic structure to molecular structure. Q.Rev.Biophys.1 (1): pp.81—7.1968 May.

7. J.D.Bernal.Phase determination in the x—ray diffraction patterns of complex crystals and its application to protein structure.Nature 169 (4311).1952.

8. C.S.Breathnach.Desmond Bernal and his role in the biological exploitation of X—ray crystallography.Journal of medical biography 3 (4).1995.

9. Dave Muddiman.Red information scientist:the information career of J.D. Bernal.Journal of Documentation;Vol.59 No.4,2003.

10. Derek J.de Solla Price,Science Since Babylon,Yale University Press,1961.

11. Francis Bacon.The New Atlantis,The works of Francis Bacon, J.Spedding,R. L.Ellis and D.D.Heath,Vol.3(London:Longmans,1857—1859).

12. Gary werskey.the visible college revisited:second opinons on the red scientists of the 1930s.Springer 2007.

13. Hooykaas,R.Religion and the Rise of Modern Science.Edinburgh: Scottish Academic Press,1972.

14. J.Monod.Chance and Necessity,New York.Random House,1972.

15. I.Asimov.Science and the Public,Nature,Vol.121,1984.

16. J.Ben—David.Scientific Growth:Essays on the Social Organization and Ethos of Science,ed.by Gad Freudenthal,Berkely:University of California Press,1991.

17. Jon Clark.ed.Jamess Coleman,London:Washington.D.C.:Falmer Press, 1996.

18. John Ziman. "The Light of Knowledge:New Lamps for Old." The Fourth

Aslib Annual Lecture.Aslib Proceedings.1970.

19. Jon Clark,R.K.Merton:Consensus and Controversy,New York & London: The Falmer Press,1990.

20. J.D.Bernal and the replication of the genetic material–hindsight on foresight J.Biosci.30(4),September 2005 .

21. J.Vanbrakel.On the neglect of the philosophy of chemistry Mackay, Alan L (2003).

22. R.K.Merton.On Social Structure and Science.Edited and with an Introduction by Piotr Sztompka,The University of Chicago Press,1996.

23. R.K.Merton.The Sociology of Science:An Episodic Memoir. Carbondale: University of Southern Illinois Press, 1979.

24. R.K.Merton.The Sociology of Science:Theoretical and Empirical Investigations.Edited by Norman Storer.Chicago:University of Chicago Press,1973.

25. R.K.Merton.Science,Technology and Society in Seventeenth Century England.OSIRIS:Studies on the History and Philosophy of Science and on the History of Learning and Culture.Bruges,Belgium:St.Catherine Press, 1938.[New York:Harper & Row,1980;New York:Howard Fertig,Inc., 1980,2002]

26. R.K.Merton.Social Research and the Practicing Professions.Cambridge: Abt Books,1982.